普通高等院校"十二五"规划教材

网页设计制作教程

（第三版）

庞崇高　主　编

支和才　崔彦君　副主编

陈　伟　孙　兵　李贞辉　参　编

中国铁道出版社
CHINA RAILWAY PUBLISHING HOUSE

内 容 简 介

本书以网页设计制作软件 Dreamweaver CS5、专业的平面图像处理软件 Photoshop CS5 和网络动画制作软件 Flash CS5 为设计环境，系统地介绍了网站建设及网页设计基础知识、网页设计制作的基本方法和技巧。全书共分 10 章：第 1～7 章为网页设计基础知识及 Dreamweaver 网页制作，网站建设及网页设计基本方法；第 8 章介绍平面图像处理软件 Photoshop 的运用；第 9 章介绍 Flash 动画制作；第 10 章为综合实例。

本书在第一、二版的基础上，融合多年的教学实践经验修订而成，内容安排由浅入深、循序渐进，书中包含大量的网页设计实例和完整的演示，着眼于培养读者实际制作网页的能力，注重网页设计基本知识的培养，适合读者进行循序渐进的学习，是一本内容丰富、实用性较强的网页设计教程。

本书适合作为高等院校网页设计课程的教材，也可作为网页设计爱好者的自学参考书。

图书在版编目（CIP）数据

网页设计制作教程 / 庞崇高主编. -- 3 版. -- 北京：
中国铁道出版社，2014.1（2018.12重印）
普通高等院校"十二五"规划教材
ISBN 978-7-113-17952-6

Ⅰ．①网… Ⅱ．①庞… Ⅲ．①主页制作－高等学校－教材 Ⅳ．①TP393.092

中国版本图书馆 CIP 数据核字（2014）第 007673 号

书　　名：网页设计制作教程（第三版）
作　　者：庞崇高　主编

策　　划：唐　旭		读者热线：（010）63550836	

责任编辑：杜　鹃
封面设计：刘　颖
封面制作：白　雪
责任校对：汤淑梅
责任印制：郭向伟

出版发行：中国铁道出版社（100054，北京市西城区右安门西街 8 号）
网　　址：http://www.tdpress.com/51eds/
印　　刷：三河市航远印刷有限公司
版　　次：2007 年 8 月第 1 版　2009 年 2 月第 2 版　2014 年 1 月第 3 版　2018 年 12 月第 6 次印刷
开　　本：787mm×1092mm　1/16　印张：15.25　字数：362 千
印　　数：9 001～10 700 册
书　　号：ISBN 978-7-113-17952-6
定　　价：30.00 元

第三版前言

FOREWORD

随着 Internet 网应用的普及，网页设计技术已逐渐成为一门"大众"技术，在各行各业都有着广泛的应用。企业可以设计网页来展示企业形象、推介产品和进行其他网上商务活动；政府部门可以设计网页来宣传政策法规和进行网络办公；个人可以设计自己独特的网页来展示自我和进行人际沟通。在高等院校，网页设计不仅是信息管理、电子商务、计算机软件、计算机网络和多媒体技术等专业的必修课，也受到了其他专业学生的普遍喜爱，成为选修率很高的一门课程，很多学校已将其列为公共基础课程。为此，我们在教学实践的基础上，从建立实用网站这一目标的需要出发，在第二版基础上，对网页设计制作软件进行了更新和升级，编写了这本《网页设计制作教程（第三版）》。本书比较全面地介绍了网页设计所涉及的知识和工具软件，以供教学和网页设计爱好者选用。

本书以当前流行的网页设计制作软件 Dreamweaver CS5、专业的平面图像处理软件 Photoshop CS5 和网络动画制作软件 Flash CS5 为环境，通过大量实例，系统地讲解了网页设计的相关知识，从应用的角度由浅入深、循序渐进地介绍了网页设计制作基本方法和技巧。叙述力求精练和通俗易懂，希望读者通过本书的学习，能够在最短的时间内快速掌握最实用的网页设计方法和技巧，亲手设计出自己喜爱的网站。

本书由庞崇高任主编，支和才、崔彦君任副主编，陈伟、孙兵、李贞辉参编。其中，第 1 章由陈伟编写，第 2 章由崔彦君编写，第 3 章由李贞辉编写，第 4～9 章由庞崇高编写，第 10 章由支和才编写，孙兵编写了部分案例和习题，全书由庞崇高统稿和定稿。

中国铁道出版社的编辑同志对本书的编写提出了宝贵的意见和建议，并在出版过程中进行了认真细致的审稿，在此表示衷心的感谢！

限于编者水平，本书可能有很多不足甚至错误之处，衷心期望读者提出建议和批评！我们将努力使本书下一版更加完善。我们的 E-mail 地址是：pangchonggao@163.com。

本书配有免费电子课件、大量的素材图片、动画源文件等丰富的资源，欢迎读者登录中国铁道出版社 www.51eds.com 网下载。

编　者

2013 年 11 月

FOREWORD 第二版前言

　　随着 Internet 的发展及其应用的普及，网页设计技术已逐渐成为 IT 行业中的一门"大众"技术，在各个领域都有着广泛的应用。企业可以设计网页来推介产品和展示企业形象；政府部门可以设计网页来宣传政策法规和进行网络办公；个人可以设计自己独特的网页来展示自我和进行人际沟通。在高等院校，网页设计不仅是信息管理、电子商务和计算机网络等专业的必修课，也受到了其他专业学生的普遍喜爱，成为选修率很高的一门课程，很多学校已将其列为公共基础课程。但是，设计制作网页所涉及的工具和软件相当多，目前市场上网页设计制作方面的书籍多数是针对一种专门的软件或工具进行介绍的，与实用网页设计所要求的综合性有很大差距。为此，我们在教学实践的基础上，从建立实用网站这一目标的需要出发，编写了本书，比较全面地介绍了网页设计所涉及的知识和工具软件。

　　本书以最流行的网页设计制作软件 Dreamweaver、专业的平面图像处理软件 Photoshop 和网络动画制作软件 Flash 为环境，系统地介绍了网页设计制作基本方法和技巧。本书坚持以"通俗、实用"为原则，结合实际需求和能力目标，避免深、难、偏的内容，力求精练和通俗易懂，希望读者通过本书在最短的时间内快速掌握最实用的网页设计方法和技巧，亲手设计出自己喜爱的网站。

　　本书第 1 章、第 3 章和第 12 章由庞崇高编写，第 2 章由苏琳编写，第 4 章和第 13 章由李素铎编写，第 5 章和第 7 章由胡洋编写，第 6 章由王爱国编写，第 8 章由陈辉林编写，第 9 章、第 10 章和第 11 章由宋宇翔编写，最后由庞崇高统稿定稿。

　　在本书的编写出版过程中，广东培正学院谢勤贤教授给予了大力支持和悉心指导，并审阅了全书，中国铁道出版社的编辑同志对本书进行了认真细致的审稿，并提出了许多宝贵意见。在此表示衷心的感谢！

　　为使读者从本书获得应有的收获，也为本书下一版本更加完善，我们乐意和所有读者沟通，衷心期望您提出建议和批评！我们的 E-mail 地址是：pangchonggao@163.com。

编　者

2008 年 12 月

第一版前言

随着 Internet 的应用普及，网页设计技术已成为计算机学习的重要内容之一，目前，许多院校都开设了"网页设计与制作"课程，它已成为信息管理、电子商务和计算机网络等专业的必修课，并且也受到了其他专业学生的普遍喜爱，成为选修率很高的一门课程。但是制作网页、构建网站所涉及的软件和工具相当多，Dreamweaver 用于网页版面构架，Photoshop 用于网页图片设计，Flash 用于网页动画创作，这些是一个优秀网站设计流程中所必须具备的，也是目前业内人士普遍选用的。目前市场上关于网页设计与制作的书籍很多，但多数是针对一种专门的软件或工具，与实用网页设计所要求的综合性有很大的差距。为此，我们在教学实践的基础上，从建立实用网站这一目标的需要出发，编写了本书，比较全面地介绍网页设计和网站建设所涉及的知识和工具软件。

本书坚持以"实用为主，够用为度"的原则。在知识内容的编写上，结合实用需求和能力目标，避免深、难、偏的内容，力求知识浅显易懂，既实用又够用，希望读者通过本书可以在最短的时间内快速掌握最实用的网页设计与制作知识，亲手设计出自己喜爱的网站。

本书第 1~3 章由庞崇高编写，第 4~6 章由张权范编写，第 7~9 章由陈红美编写，第 10~12 章由宋宇翔编写，第 13、14 章由王爱国编写，最后由庞崇高统编全稿。

在本书的编写、出版过程中，广东培正学院信息系主任谢勤贤教授对本书的编写给予了悉心指导，并审阅了初稿，铁道出版社的编辑同志们对本书进行了认真细致的审稿并提出了许多宝贵意见，在此表示衷心的感谢！

限于编者水平有限，书中难免存在疏漏和不足之处，敬请读者批评指正。

编　者
2007 年 7 月

目录

CONTENTS

第1章　网页设计基础

随着网络技术的不断发展，越来越多的人开始使用互联网。网页是互联网上传递信息的一种最常见形式，互联网应用离不开网页。浏览网页是每个人必须掌握的基本操作，设计、制作网页也成为了现代人的基本技能之一。本章介绍网页设计的有关基础知识、网页制作常用的工具环境和简单的网页设计制作方法。通过本章学习，读者应了解网页设计有关概念，能够进行简单的网页设计。

本章内容包括：

- 网页设计有关概念。
- 多媒体素材及收集。
- 网站建设基本步骤。
- 网页制作工具介绍。
- 简单网页制作。

1.1　网页设计基本概念

学习网页制作，首先需要对互联网上传递信息的机制及有关概念有所了解，本节我们就先介绍网页、浏览器、IP 地址等概念。

1.1.1　网站和网页

从 Internet 上获取信息的前提，是要有发布和获取信息的机制。欧洲粒子物理研究所的科学家 Tim Berners-Lee 发明的 WWW（World Wide Web，也称为环球网、万维网或直接称为 Web）系统是一种基于页面检索的信息服务系统。它采用超链接技术使得全球的网页信息都可以有机地联系起来，各种信息以网站（Web Site）的形式存放在遍布世界各地的 Web 服务器上，用户通过浏览器访问 Web 服务器，取得网站中的网页，从而获得所需的信息。

1. 网站

所谓网站，就是指在 Internet 上一块固定的面向全世界发布消息的地方，通常由用于展示特定内容的众多相关网页组成，用户可以通过网页地址访问其信息资源，从而实现了无限范围的信息共享。

由于很多网站的内容相当丰富，要用户记住每一个网页的地址非常困难。因此，一个网站都有一个主页作为网站的访问入口，其他网页则通过链接与主页相连，浏览者只要记住主页的地址，就能访问这个网站内所有的内容。因此，主页是一个网站中最重要的网页，也是访问最频繁的网页。它是一个网站的标志，体现了整个网站的制作风格和性质。

可以说网站是一种媒体形式，和传统形式的媒体（如报纸、杂志）是一样的，人们可以通过网站来发布自己想要公开的信息，或者利用网站来提供相关的网络服务。人们可以通过网页浏览器来访问网站，获取自己需要的信息或者享用网络服务。

2. 网页

网页是在互联网上展示信息最常用的一种形式，互联网上的信息，很多都是以网页的形式出现的。网页要通过浏览器查看，一般一个网页就是一个文件，浏览器是用来解读这份文件的。

网页的内容一般包括文字、图片、动画、声音、视频等，设计得好的网页就是对这些形式的信息进行恰当的组织和编排，在向人们提供各种信息的同时，给人以美的享受。

网页经由网址来识别与存取，在浏览器输入网址后，经过一段复杂的程序，网页文件会被传送到计算机，然后通过浏览器解释网页的内容，再展示到用户眼前。例如，在浏览器 URL 栏中输入 http://www.sohu.com，然后按【Enter】键，用户将在浏览器中看到如图 1-1 所示的网页。

图 1-1 搜狐网站主页

这是"搜狐"网站的主页，在这里可以选择一个主题进入。例如，想要了解财经信息，单击页面中的"财经"链接，就可以看到想要了解的内容。

1.1.2 IP 地址和域名

网页经由网址来识别与存取，那么网址是怎么构成的呢？众所周知，在电话通信中，电话用户是靠电话号码来识别的。同样，在网络通信中为了区别不同的计算机，也需要给计算机指定一个连网专用号码，这个号码就是"IP 地址"。IP 是英文 Internet Protocol 的缩写，意思是"互连网络协议"，也就是为计算机网络相互连接进行通信而设计的协议。它是能使连接到网上的所有计算机网络实现相互通信的协议，规定了计算机在互联网上进行通信时应当遵守的规则。任何厂家生产的计算机系统，只要遵守 IP 协议就可以与 Internet 互联互通。正是因为有了 IP 协议，Internet 才得以迅速发展成为世界上最大的、开放的计算机通信网络。因此，IP 地址也称为网际协议地址。

1. IP 地址

IP 地址就像是我们的家庭住址一样，如果你要写信给一个人，你就要知道他（她）的地址，这样邮递员才能把信送到。计算机发送信息就好比是邮递员，它必须知道唯一的"家庭地址"才能不至于把信送错人家。只不过我们的地址使用文字来表示的，计算机的地址用二进制数字表示。

目前使用的 IPv4 地址为 32 位二进制数字，就是 4 个字节长。例如，一个采用二进制形式的 IP 地址是"00001010000000000000000000000001"，这么长的地址，人们处理起来也太费劲了。为了方便人们的使用，IP 地址经常被写成十进制的形式，中间使用符号"."分开不同的字节。于是，上面的 IP 地址可以表示为"10.0.0.1"。IP 地址的这种表示法叫做"点分十进制表示法"，这显然比 1 和 0 容易记忆得多。

为了保证网络上每台计算机的 IP 地址的唯一性，用户必须向特定机构申请注册，分配 IP 地址。互联网上的 IP 地址统一由国际组织 NIC（Network Information Center）负责统一分配，目前全世界共有三个这样的网络信息中心：InterNIC 负责美国及其他地区，ENIC 负责欧洲地区，APNIC 负责亚太地区。

2. 域名

由于 IP 地址是数字标识，使用时难以记忆和书写，因此在 IP 地址的基础上又发展出一种符号化的地址方案，来代替数字型的 IP 地址。每一个符号化的地址都与特定的 IP 地址对应，这样网络上的资源访问起来就容易得多了。这个与 IP 地址相对应的字符型地址，就被称为域名。

域名是由一串用点分隔的多级名字组成，每级不超过 63 个字符，一般是英文字母和数字（也有其他语言的域名，如中文域名），如 www.microsoft.com、www.163.com、www.peizheng.edu.cn 等。级别最低的域名写在最左边，而级别最高的域名写在最右边。由多个标号组成的完整域名总共不超过 255 个字符。域名是互联网上某一台计算机或计算机组的名称，作用与 IP 地址一样，也是用于在数据传输时标识不同的计算机。使用域名的目的是便于记忆和沟通，并且在 IP 地址发生变化的情况下，通过改变对应关系，域名仍可保持不变。可以说，域名是 IP 地址上的"面具"。

一般来说，域名就是上网单位的名称，是一个通过计算机登上网络的单位在该网中的地址。一个公司如果希望在网络上建立自己的主页，就必须取得一个域名。域名是上网单位和个人在网络上的重要标识，起着识别作用，便于他人识别和检索某一企业、组织或个人的信息资源，从而更好地实现网络上的资源共享。

1.1.3 浏览器和 Web 服务器

WWW 系统采用所谓"客户/服务器"工作模式，即信息资源以网页的形式存储在 Web 服务器中，用户通过"浏览器"（客户）向 Web 服务器发出网页请求，Web 服务器根据客户端的请求内容，将保存在 Web 服务器中的某个网页返回给客户端。浏览器接收到网页后对其进行解释，最终将图、文、声并茂的画面呈现给用户。其工作过程如图 1-2 所示。

图 1-2 WWW 系统运行示意图

用户必须通过浏览器连接到 WWW 系统，才能从 Web 服务器上取得并阅读网页文件。信息的提供者建立好 Web 服务器，用户使用浏览器可以取得其上的文件及其他信息。具体过程是，当用户连入 Internet 后，通过浏览器发出访问某个站点的请求，然后这个站点的服务器就把信息传送到用户的浏览器，浏览器再显示文件内容，这样用户就可以坐在家中查询万里之外的信息了。

目前，应用最为广泛的 Web 浏览器是 Microsoft 公司在其 Windows 操作系统中集成的 Internet Explorer（简称 IE）和 Netscape 公司的 Navigator 等。

服务器是指可以向客户机提供各种网络服务的计算机，在这些计算机上安装具有服务功能的软件，就可提供相应的网络服务。如提供 Web 服务的计算机必须安装 Web 服务软件、提供数据库服务的计算机必须安装数据库服务器软件等，我们把这些服务软件也称之为服务器。一般情况下，并不需要特别区分服务器软件与安装该软件的计算机。

Web 服务器是提供网上信息浏览服务的服务器软件，它一般安装在 Internet 上一台具有独立 IP 地址的计算机上。当浏览器（客户端）连到服务器上并请求文件时，Web 服务器将处理该请求并将文件发送到该浏览器上。

Web 服务是 Internet 上发展最快和应用最广泛的服务，目前最常用的 Web 服务器有 Apache 和 Microsoft 的 Internet 信息服务器（Internet Information Server，IIS）。

1.1.4 统一资源定位符 URL

由于 Web 网页是分布在世界各地不同的 Web 服务器上的，为了能够准确地找到某一个网页，就需要有一个能唯一标识网页的"地址"，也就是我们通常所说的网址，URL（Uniform Resource Locator，统一资源定位地址）就是这样一种地址，它是用于完整地描述 Internet 上网页和其他资源的地址的一种标识方法。

URL 可以是本地磁盘，也可以是局域网上的某一台计算机，更多的是 Internet 上的站点。URL 通常由协议类型、网页所在的计算机、网页文件路径和文件名等部分组成，格式为：

<通信协议>：//<主机>[：端口]/<路径>/<文件名>

其中，<通信协议>：指提供该文件的服务器所使用的通信协议（如 WWW 使用的 http 协议，文件传输使用的 ftp 协议，或表示本地磁盘文件的 file 等）。

<主机>：指上述服务器所在计算机的 IP 地址或域名。

[端口]：是一个可选的整数，省略时使用方案的默认端口，各种传输协议都有默认的端口号，如 http 的默认端口为 80。如果输入时省略，则使用默认端口号。有时候出于安全或其他考虑，可以在服务器上对端口进行重定义，即采用非标准端口号，此时，URL 中就不能省略端口这一项。

<路径>：该文件在上述计算机上的路径。由零或多个"/"符号隔开的字符串，一般用来表示主机上的一个目录或文件地址。

<文件名>：该文件的名称。

例如：http://www.microsoft.com/china/homepage/ms.htm 中，http 表示该网页通过超文本传输协议（HyperText Transport Protocol）访问，这是一种传输和处理超文本信息的协议；www.microsoft.com 是 Microsoft 公司的 Web 服务器；/china/homepage/是路径；最后的 ms.htm 是网页文件名。

每个文件无论它以何种方式存在何种服务器都有一个唯一的 URL 地址。因此，我们可把 URL 看作是一个文件在 Internet 上的标准通用地址。只要用户正确地给出一个文件的 URL 地址，WWW 服务器就能准确无误地将它找到并且传送到发出检索请求的 WWW 客户机上去。

1.1.5　超文本和超链接

网页类似于书本上的书页。但与书页不同，网页中有一些具有链接功能的文字或图片等，浏览时，用鼠标单击它们就可进入另一个网页，这种链接技术使得 Internet 上的信息都可以有机地联系起来，从而形成了一种"立体"的阅读结构，这就不同于顺序阅读的普通文本，所以被称为"超文本（HyperText）"，不同网页之间的链接就称为"超链接（Hyperlink）"。

超链接在本质上属于一个网页的一部分，它是一种允许我们同其他网页或站点之间进行连接的元素。各个网页链接在一起后，才能真正构成一个网站。所谓的超链接是指从一个网页指向一个目标的连接关系，这个目标可以是另一个网页，也可以是相同网页上的不同位置，还可以是一个图片，一个电子邮件地址，一个文件，甚至是一个应用程序。

有了超链接，我们就可以将不同地点、不同类型的文件链接到一个"网页"中，只要单击这些超链接即可实现周游网络世界的目的。

超文本是用超链接的方法，将各种不同空间的文字信息组织在一起的网状文本。超文本普遍以电子文档方式存在，其中的文字包含有可以链接到其他位置或者文档的链接，允许从当前阅读位置直接切换到超链接所指向的位置。超文本的格式有很多，目前最常使用的是超文本置标语言（Hyper Text Markup Language，HTML）。我们日常浏览的网页上的链接都属于超文本。

1.1.6　超文本置标语言

Internet 为人们提供了一个巨大的信息资源空间，这些信息涉及人类学习、工作和生活的方方面面，信息形式多种多样。为使人们自由地使用和交流这些信息，必须用一种统一的格式来表示这些信息。HTML 就是用来对网页的内容、格式以及网页中的超链接进行描述的通用语言。浏览器就是用来读取 HTML 文件，并将其解码、显示的工具。

超文本置标语言是用于描述网页文档的一种标记语言，它通过标记符号来标记要显示的网页中的各个部分。网页文件本身是一种文本文件，通过在文本文件中添加标记符，可以告诉浏览器如何显示其中的内容（如：文字如何处理，画面如何安排，图片如何显示等）。浏览器按顺序阅读网页文件，然后根据标记符解释和显示其标记的内容，对书写出错的标记将不指出其错误，且不停止其解释执行过程，编制者只能通过显示效果来分析出错原因和出错部位。但需要注意的是，对于不同的浏览器，对同一标记符可能会有不完全相同的解释，因而可能会有不同的显示效果。

HTML 以编写程序代码为主，有一套完整的语法结构，专业人员用它来创建高级的 Web 文档，普通网页设计者不需要掌握它也能设计出实用的网页，但如果要进行较高级的网页设计，掌握 HTML 语法还是非常必要的。

1.2　多媒体素材及收集

俗话说，"巧妇难为无米之炊"。要建立一个网站，需要进行大量的素材准备，如果没有丰富的多媒体素材，很难设计出一个表现力丰富的网站。多媒体素材包括文字、图像、图形、动画、声音和影像等。不同的素材，需要不同的采集方法和处理方法。因此对于网站设计制作者来说，不仅要学会采集多种素材，更重要的是正确掌握如何通过软件对各种途径得到的素材进行处理和加工，使采集的多媒体素材获得更加优良的效果和表现力，从而满足网页制作的需要。

1.2.1　文本素材的采集与加工

多媒体素材中的文本主要用于呈现标题、按钮名称、菜单名称等，它是多媒体素材的主要组成部分，主要有普通文本和图形文本两种形式。

（1）普通文本：直接在系统创作环境中输入文本内容，或是通过外部文本编辑软件制作文本文件。这两种方法的用途不同，在创作环境中输入的文本文件主要用于文本量不大，且没有特殊要求的场合。如果需要大量的文本输入，且文本的显示需要一定条件的控制，此时应考虑在外部文本编辑软件制作外部文件。

除了最常用的键盘输入以外，还可用语音识别输入，扫描识别输入及笔式书写识别输入等方法。

（2）图形文本：图形文件是相对于应用程序运行时，操纵者所看到的文本内容而言的。

从严格意义上讲，这种类型的文件实际上应归属于图形类，称之为图形文本。图形文本的素材量比较大，但又有自己的优势，可以对图形文本进行特殊效果处理，如透明字、立体字、渐变字等。图形文本既具有很强的艺术性，又具有很强的表现力和感染力。多媒体素材库中的图形文本可以在画笔或 Photoshop 等图形软件中制作。

1.2.2　图像素材的采集与加工

图像素材主要用于背景、插图、图形交互区以及图形按钮等处，可以通过下列途径采集图像素材，并对其进行加工。

（1）利用已有图像素材库中的图像。目前很多公司、出版社制作了大量的分类图像素材库光盘，例如各种风景图片库、植物图片库、动物图片库等。光盘中的图片清晰度高、制作精良，而且同一幅图还以多种格式存储，如背景图像、按钮图形以及光标图形等，都可以从已有图像素材库中选择。

（2）利用扫描仪输入图像。扫描仪的功能可以将外部绘制的图形、照片以及印刷图片等数字化后转换成计算机数字图像文件，对这些图像文件，还要使用 Photoshop 进行一些诸如颜色、亮度、对比度、清晰度、幅面大小等方面的调整，以弥补扫描时留下的缺陷。

（3）利用数码照相机。随着数码照相机的不断发展，数字摄影是近年来广泛使用的一种图像采集手段，数码照相机拍摄下来的图像是数字图像，它被保存到照相机的内存储器芯片中，然后通过计算机的通信接口将数据传送到计算机上，再在计算机中使用 Photoshop、iSee 等软件进行处理。使用这种方法可以方便、快速地制作出实际物体。例如，旅游景点、人物等的数字图像。

（4）利用屏幕捕捉的方法获取图像。对一些图标、按钮图形等素材，可以采用专门的屏幕截取软件（如 HyperSnap 或者 Snagit、Piazzus 等）捕捉当前屏幕上显示的任何内容。也可以使用 Windows 提供的【Alt+PrintScreen】组合键，直接将当前活动窗口显示的画面置入剪贴板中，然后进行处理。

（5）利用图形制作软件绘制或合成图像。利用 Windows 的画笔（Paintbrush）或专业绘图软件 Painter、CorelDRAW 等在计算机中直接绘制简单图像，也可以用图像处理软件将多幅图像中的一部分或几部分取出来，重新组合生成新的图像。常用的图像处理软件有 Photoshop、PhotoStyle、FreeHand、Illustrator、CorelDRAW 等，这些软件中都提供了强大的绘制图形的工具、着色工具、特效功能（滤镜）等，可以使用这些工具制作出所需要的图像。

1.2.3　动画素材的采集与加工

动画既有二维的，又有三维的。因此，动画制作的种类可分为二维动画制作和三维动画制作。

（1）二维动画制作。如利用 Animator Pro 和 Director 可以实现二维动画制作。Animator Pro 是一种专业动画制作工具，可以生成传统动画、位图动画、胶片动画、变形动画、文字动画与色彩动画等。Director 虽然是一种多媒体著作工具，但是由于在 Director 中制作的产品可以生成动画文件，如 MMM、AVI 格式等，而且 Director 本身具有较强的动画制作能力。因此，可以利用 Director 制作二维动画。

（2）三维动画制作。三维动画与二维动画相比，除具有二维动画 X-Y 平面的特性外，还增加了深度维，通过材质处理，产生运动物体的纹理感，在灯光与摄像机的作用下，运动效果非常逼真。多媒体素材库中的三维动画是在 3D Studio Max 制作的。3D Studio Max 制作动画的功能非常强，着色输出的速度比较快，而且最终的动画文件，除具有对运动过程的描述外，还集成了声音要素，增强了动画的表现效果。除此之外，我们也可以直接用程序设计语言来编写动画程序。

1.2.4　音频素材的采集与加工

声音种类包括声音、音乐与效果声。声音指朗读示范音与解说，音乐指背景音乐与主体音乐，效果声用于按键等。音乐文件格式多为 WAV、SWA、MIDI、MP3、CD 等几种形式。

对音频的处理，实用的方法有：①用系统自带的录音机编辑声音文件；②用超级解霸软件的超级音频解霸编辑声音文件；③用其他的音频转换软件编辑声音文件。音频的制作要有硬件，即音频卡的支持。

1.2.5　视频素材的采集与加工

视频影像素材大多数是来自 VCD 光盘或录像带，但它们中的视频文件在多媒体制作中未必能直接使用，必须用超级解霸等软件将它们转换为 AVI、MPG 等格式文件后才能使用。

视频素材的采集方法很多。最常见的是用视频捕捉卡配合相应的软件（如 Ulead 公司的 Media Studio 以及 Adobe 公司的 Premiere）来采集录像带上的素材。另一种方法是利用超级解霸等软件来截取 VCD 上的视频片段（截取成*.mpg 文件或*.bmp 图像序列文件），或把视频文件*.dat 转换成 Windows 系统通用的 AVI 文件。

对得到的 AVI 文件或 MPG 文件进行合成或编辑，可以使用 Adobe Premiere 软件。

1.3 网站建设基本步骤

网站建设是一个复杂的系统工程，一般来说，建站创建站点的第一步是对站点进行策划。需要了解创建站点的目的，确定它要提供的服务、网页的内容等。有时，一个良好的构思比实际的技术实现更为重要，因为它直接决定站点质量和将来的访问流量。

第二步是搜集与网页制作有关的文本、图片、各种音频视频文件等资料，做好制作网页的各种素材准备工作，然后开始具体的网页制作。一旦创建了本地站点，就可以在其中组织文档和数据。一般来说，文档就是在访问站点时可以浏览的网页。文档中可能包含多种类型的数据，如文本、图像、声音和动画等。网站中各个网页的制作完成以后，需要对网页中各种网页元素添加必要的链接，使整个网站具有整体性。

第三步是测试和发布站点。

整个过程如图 1-3 所示。

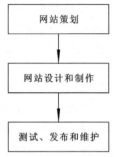

图 1-3 网站建设流程

1.3.1 网站策划

一个网站的成功与否，与建站前的策划有着极为重要的关系。在建立网站前应明确建设网站的目的、网站的功能、网站规模、投入费用等。网站策划对网站建设起到计划和指导的作用，对网站的内容和维护起到定位作用。只有详细地规划，才能避免在网站建设中出现很多问题。网站策划包括以下三部分内容。

1．市场分析

在建设网站之前，要进行必要的市场分析，具体包括以下三个方面：

① 了解相关行业的市场是怎样的，有什么样的特点，是否能够在互联网上开展业务。

② 分析市场上的主要竞争者，竞争对手上网情况及其网站规划、功能作用。

③ 公司自身条件分析，包括公司概况、市场优势，可以利用网站提升哪些市场竞争力。

2．网站目的及功能定位

① 对网站制作市场分析后，就该明确建站的目的，进行具体的功能定位。

② 为什么建网站，是为了宣传产品，进行电子商务，还是建设行业性网站？是企业的需要，还是市场拓展的延伸？

③ 整合公司资源，确定网站功能。根据公司需要和计划，确定网站的功能：产品宣传、网上营销、客户服务、电子商务。

④ 潜在用户需求分析，网站为用户带来的价值以及为公司带来的价值。

根据网站的功能，确定网站应达到的目的。

3．网站技术解决方案

根据网站的功能及后期发展可能出现的功能扩展，确定网站技术解决方案。

① 租用虚拟主机的配置。

② 网站安全措施，防黑、防病毒方案。

③ 相关程序开发，如 ASP、JSP、CGI、数据库程序等。

1.3.2 网站设计

网站策划之后，就是对网站进行规划设计和网页制作。

1. 站点规划

不论是正规的商业网站还是个人网站，要想把网页制作得丰富多彩，吸引大量用户前来访问，网站规划和设计都是至关重要的。对于商业网站，还必须充分考虑财力、人力、计算机数量、网络连接方式、系统的经济效益、网站验证和用户反馈等诸多方面的问题。

站点规划就是对网站进行整体定位，目的是明确建站方向，确定站点采用的技术。主要工作包括网站主题、具体内容及表达内容所用的媒体的设计等。具体可以从以下几个方面进行：

① 确定网站的服务对象。只有确定了网站的服务对象，针对不同的用户特点进行精心设计，才能制作出广受欢迎的网站。例如，做一个健康咨询类网站、一个网上商城和一个儿童乐园，它们的服务对象就大不相同（可能分别是中老年群体、大众群体和少年儿童），因而网站的风格也应该不一样。

② 定位网站主题。网站主题是网站所要表现的最主要的思想内涵，是网站的灵魂。如果网站没有一个确定的主题，会给人一种不知所云的感觉。常见的主题包括新闻、教育、科技、娱乐、体育、旅游、文学、财经、技术等，几乎涉及社会生活的方方面面。

网站主题确定后，就可以为网站起个名字了。有的人可能认为起名字与网站设计无关，其实网站名称也是网站设计的一部分，而且是一个很关键的要素。例如，"网上电脑商场"与"电脑城"显然是后者简练；"迷你乐园"与"MINI 乐园"显然是后者清晰。和现实生活中一样，网站名称是否易记、有特色，对网站的形象和宣传的推广会有很大影响。

另外，还要设计制作一个网站标志（Logo）。和商标一样，网站标志是网站特色和内涵的集中体现，看见标志就能让人们联想起相应的站点。现实生活中通过 Logo 强化人们心目中印象的例子比比皆是，例如搜狐、百度、Google、网易的网站标志形象就已深入人心，如图 1-4 所示。

图 1-4　一些网站的标志

③ 网站的目录结构。网站的目录结构是指建立网站时创建的目录，这是一个容易被忽略的问题，大多数网站设计者未经规划就创建子目录。当然，目录结构的好坏，对浏览者来说没有太大的感觉，但是对于站点本身的维护、内容的扩充和移植却有着重要的影响。

一个网站不要将所有文件都放在根目录下，一般按内容或按网站栏目建立子目录，如按内容分别建立 text、image、flash、css、library 等子目录。

④ 确定网站的整体风格和创意设计。网站的整体风格及其创意设计是网页制作者最希望掌握，也是最难学习的。它难就难在没有一个固定的模式可以参照和模仿。给一个主题，任意两个人都不可能设计出完全一样的网站。例如，当有人说："这个站点很有个性！"是什么让他觉得很有个性，它到底和一般的网站有什么区别呢？那么首先应该思考以下问题：

风格是什么？如何树立网站风格？

创意是什么？如何产生创意？

风格是抽象的，是指站点的整体形象给浏览者的感受。整体形象包括站点的标志、色彩、字体、版面布局、浏览方式、交互性、文字风格等诸多因素。

风格是独特的，是一个网站不同于其他网站的地方。或者色彩，或者技术，或者是交互方式，都能让浏览者明确分辨出这是某个网站所独有的。

风格是有人性的，通过网站的外观、内容、文字、交流，可以概括出一个站点的个性和情绪，是温文儒雅，是执着热情，是活泼易变，还是放任不羁。

有风格的网站与普通网站的区别在于：普通网站中看到的只是堆砌在一起的信息，只能用理性的感受来描述，例如信息量大小、浏览速度快慢。但浏览过有风格的网站后就会有更深一层的感性认识。

创意是网站生存的关键，这一点相信大家都已经认同。然而作为网页设计师，最苦恼的就是没有好的创意来源。那么到底什么才是创意？

创意是传达信息的一种特别方式。创意并不是天才的灵感，而是思考的结果。

创意是将现有的要素重新组合。任何人都有不同凡响的创意。而且，资料越丰富，越容易产生创意。就像万花筒，筒内的玻璃片越多，所呈现的图案就越多。细心者会发现，网络上最多的创意来自现实生活（或者虚拟现实），例如在线书店、电子社区、在线拍卖等。

正如网站的创意一样，网页的设计也讲究创意，讲究设计的新颖性和独特性。当我们将一些超出常规的、极富想象力的元素结合在一起时，往往能收到非同凡响的效果。

2．搜集素材

网站的内容和结构设计好以后，就可以根据网站内容和基本结构设计的要求，进行素材的准备工作和网站编辑工作。具体说，就是要搜集与网页制作有关的文本、图像、音频和视频等资料，也可以从网上下载有用的内容和素材，并且根据要求进行图像处理、动画制作、音效生成和视频编辑等工作。

本书以后的章节将介绍利用各种工具进行图像处理和动画制作，至于音效和视频的生成和编辑，感兴趣的用户可以参考有关书籍。

3．制作网页

网站制作的各项准备工作都完成后，就可以按照网站设计的基本结构和页面结构，开始进行网页具体制作。

对于任何网站，每一个网页或主页都是非常重要的，因为用户的第一印象往往是一个网站的主页，好印象能够吸引用户再次光临这个网站。

图像、声音和视频信息能够比普通文本提供更丰富和更直接的信息，产生更大的吸引力，但文本可提供较快的浏览速度。因此，图像和多媒体信息的使用要适中，减少文件数量和文件大小是必要的。

1.3.3　网站测试、发布和维护

网站设计制作完毕，在发布到 Internet 上之前，必须要对它进行测试，测试是在浏览器中进行的，测试的内容包括浏览器的兼容性，文档之间的链接正确与否等方面。

虽然所有的网页都遵循 HTML 标准，但不同软件开发商的浏览器之间有细微的差别，这些细微的差别往往会导致使用不同的浏览器浏览同一网页时出现完全不同的效果，因此用户在发布网页之前必须要对它进行兼容性测试，以保证它在用户所期望的浏览器中能够正确显示。

网页测试完成后，就要把它上传至连接 Internet 的服务器上，即作为一个站点存在，让全

世界都能看到它。Web 站点其实是 Internet 上能够提供服务的一个位置，这个位置由独一无二的 IP 地址或域名来标识，以便于用户访问。一个网站需要有一台或多台服务器来实现其 WWW 服务，不同网站的规模大小各不相同，大的如网易、搜狐等，网页不计其数，这就需要多台服务器。小的网站如个人网站，可能只有零星几个网页，仅须占据某台服务器上的很小一部分空间。

　　在 Internet 上建立网站的方式有多种，根据网站规模和性能要求不同，可以采用专用服务器构建，也可以使用托管服务器、虚拟主机，或租用主页空间。

　　维护网站，也就是管理网站，主要涉及网站内文件的管理、文件的上传和下载、网站信息更新和用户信息的接收等。要想保持网页的浏览人数，就要不停地更新自己的主页，增加其内容，给人一种新鲜感。平时上网时多搜集资料，多听听别人的意见，每隔一段时间更新版面。只有这样，网页才能不断地为网友服务。

1.4　网页制作工具

　　"工欲善其事，必先利其器"。制作网页首先须选定一种网页制作软件。从原理上来讲，虽然直接用记事本也能写出网页，但这样制作网页必须具有一定的 HTML 基础，非初学者能及，且效率也很低。用 Word 也能做出网页，但有许多效果做不出来，且垃圾代码太多，也是不可取的。

　　其实应用"可视化"网页制作工具（软件）可以轻松地制作出网页。什么是可视化呢？可视化的意思就是在桌面上制作成什么样，在浏览器中就能看到什么样，也就是常说的"所见即所得"，使用"可视化"网页制作工具编辑一个普通的网页无须编写代码。当然，如果学过 HTML 或程序开发，那么编出的网页就会更有活力、更多姿多彩。

　　目前，可视化网页制作软件首推 Dreamweaver，它简单易学，功能强大，用它做出的网页垃圾代码也比较少，另外，它可以在我们用所见即所得的环境制作网页的同时在代码窗口中看到对应的 HTML 代码，这对我们学习 HTML 有很大好处。虽然用 Dreamweaver，即使我们一点不懂 HTML 也能做出漂亮的网页，但 HTML 毕竟是制作网页的基础，我们要想把网页做活了，必须要知其然还要知其所以然，最终我们还是要熟练掌握 HTML 才行。当然 FrontPage 也不错，但比起 Dreamweaver 来还是要稍逊一筹。

　　在网页中可以添加多种多样的元素，如图片和动画，因此制作网页还需要用到图片处理工具和动画制作工具。Dreamweaver、FrontPage 等可以看做是用来把各种元素集合和联系起来形成具有特定风格的网页的集成工具。

　　下面我们对常用的网页制作工具做一个简单介绍。

1.4.1　Dreamweaver

　　Dreamweaver 是由 Macromedia 公司推出的"网页制作三剑客"（Dreamweaver、Flash、Firework）中的网页编辑与制作软件，也是目前较流行的网页编辑制作软件。

　　Dreamweaver 是一个所见即所得的网页编辑器，支持最新的 DHTML 和 CSS 标准。它采用了多种先进技术，能够快速高效地创建极具表现力和动感效果的网页，使网页制作过程变得容易简单。图 1-5 所示为正在编辑实例网站主页的 Dreamweaver CS5 编辑窗口。

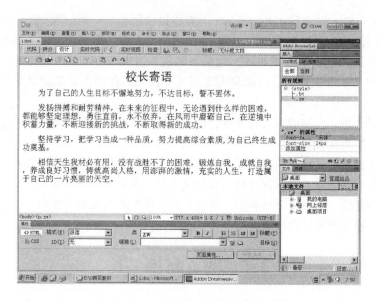

图 1-5　在 Dreamweaver CS5 中编辑网页

　　如果需要,也可以同时看到源代码编辑窗口和可视化编辑窗口,不管用户在哪一个窗口中修改,都能够立即反映到另一个窗口中,这个功能极大地方便了用户编辑网页时在两个窗口之间切换。

　　另外, Dreamweaver 不仅提供了强大的网页编辑功能, 而且提供了完善的站点管理机制。它是一个集网页创作和站点管理于一身的网页编辑与制作工具。

1.4.2　Dreamweaver CS5 操作简介

　　Dreamweaver CS5 的安装和启动非常简单, 在此就不再赘述。第一次运行 Dreamweaver CS5 时, 在工作区设置对话框中一般选择“设计者”, 而不选择“代码编写者”。

　　启动 Dreamweaver CS5 后显示的界面如图 1-6 所示,其上浮动有 Dreamweaver CS5 新创的开始屏幕。

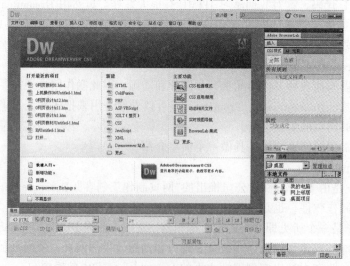

图 1-6　Dreamweaver CS5 启动界面

　　这时如果选择“新建”区域中的 HTML, 或通过“文件”→“新建”命令创建一个 HTML

文档，就会出现如图 1-7 所示的文档编辑窗口，这也是我们制作网页时使用得最多的工作界面。界面主要由菜单栏、工具栏、编辑区和各种面板组组成。

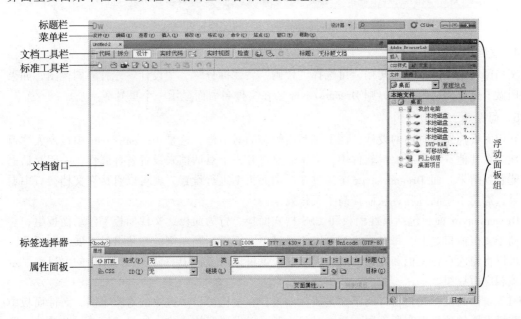

图 1-7　Dreamweaver CS5 工作界面

1. 标题栏

标题栏位于 Dreamweaver 应用程序窗口的顶部，在标题栏的右侧，与 Windows 其他应用程序一样有"最小化"、"最大化或还原"、"关闭"三个按钮。

2. 菜单栏

菜单栏中提供了文件、编辑、查看、插入、修改、格式、命令、站点、窗口、帮助等十组菜单，所有的工作几乎都可以通过菜单来完成。尽管利用浮动面板可以加快操作速度，但有时为了节省屏幕空间，用户会将浮动面板关闭，这时利用菜单就显得尤为重要。

3. 工具栏

Dreamweaver CS5 的工具栏包括标准工具栏和文档工具栏。

标准工具栏包含新建、打开、保存、剪切、复制、粘贴等常用工具按钮。

文档工具栏中主要包括用于在不同视图间快速切换的按钮，可以在"代码"视图、"设计"视图以及同时显示"代码"和"设计"的"拆分"视图间快速切换。

文档工具栏中还包括一些与查看文档、修改文档标题和预览网页等按钮。

① 代码：只在文档窗口显示"代码"视图。

② 拆分：将文档窗口拆分为"代码"视图和"设计"视图。

③ 设计：只在文档窗口显示"设计"视图。如果处理的是 CSS、JavaScript 或其他基于代码的文档，则不能在设计视图中查看文档。

④ 标题：允许为文档输入一个标题，浏览时它将显示在浏览器的标题栏中。

⑤ 网页预览：单击该按钮，可以在浏览器中浏览网页。

⑥ 可视化助理：可以使用各种可视化助理来帮助设计页面。文档工具栏如图 1-8 所示。

| 代码 | 拆分 | 设计 | 实时代码 | | 实时视图 | 检查 | | | 标题：无标题文档 |

图 1-8　Dreamweaver CS5 的文档工具栏

4．文档窗口

文档窗口用于显示当前文档，可选择"代码"、"拆分"、"设计"三种不同视图，如果对文档做了更改但尚未保存，则 Dreamweaver 会在文件名后面显示一个星号。

5．面板

利用面板控制对页面的设计，而不是利用烦琐的对话框，这是 Dreamweaver 中最令人称道的特性。在其他一些网页编辑软件中，经常需要打开一个对话框来设置各种属性，关闭对话框后才能看到结果，而 Dreamweaver 中通过在浮动面板中进行设置，就可以直接在文档窗口中看到结果，避免了中间过程，从而提高了工作效率。

Dreamweaver 面板包括属性面板和 CSS 样式面板、行为面板、文件面板等浮动面板组，它们浮动于文档窗口之上，每个面板都可以（通过单击面板标题左侧的三角符号）展开和折叠，用户可以将输入点在文档和面板之间来回切换，也可以通过选中"窗口"菜单中的项目来显示或隐藏相应面板组。

（1）属性面板：文档窗口的下面是属性面板，在文档窗口中选中的对象不同，属性面板中显示并可设置的项目也有所不同，文本对象一般可以设置字体样式、加粗、倾斜、链接等，图像对象一般可以设置高、宽、边框、边距、链接等。在属性面板中进行的设置，在文档窗口可以立即看到效果。如图 1-9 为将第一行文字设置为 bt 样式（样式的具体设置在第 4 章叙述）。

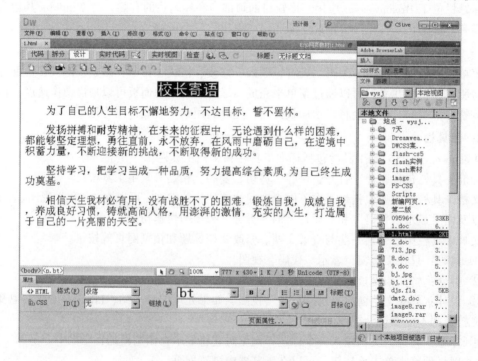

图 1-9　属性面板设置效果

（2）文件面板。文件面板用于查看和管理 Dreamweaver 站点中的文件。如图 1-9 所示，在文件面板中查看站点、文件或文件夹时，可以更改查看区域的大小，还可以展开或折叠文件面板。当文件面板折叠时，它以文件列表的形式显示本地站点或远程站点的内容。在展开时，同时显示本地站点和远程站点的内容。

（3）CSS 样式面板。使用 CSS 样式面板，可以查看影响整个文档的 CSS 规则和属性（"全部"模式），或影响当前所选页面元素的 CSS 规则和属性（"当前"模式），使用 CSS 样式面板顶部的切换按钮，可以在两种模式之间切换，如图 1-10 所示。

图 1-10　CSS 样式面板

1.4.3　FrontPage

Microsoft 公司的 FrontPage 也是一个不错的网页设计工具。与 Dreamweaver 一样，FrontPage 也是集代码、设计、预览于一体的可视化页面编辑工具，无须写代码就可以制作出相当复杂的页面。

FrontPage 提供的模板可以让初学者很容易地制作出美观的网页，从而大大提高初学者继续学习的积极性。FrontPage 的文字编辑和 Word 很相似，任何一个熟悉 Word 的用户都很容易上手。

1.4.4　Flash

Flash 是动画制作软件，也是目前最流行的矢量动画制作软件。由它制作的矢量图形，只要用少量矢量数据就可以描述一个复杂的对象，因此占用的存储空间很小，非常适合在网络上传输。

Flash 由交互矢量图形制作而成动画，运用它可以制作出栩栩如生、动感十足的动画。图 1-11 所示为利用 Flash CS5 制作动画的示意图。

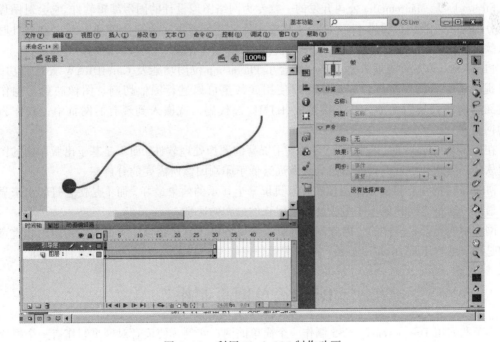

图 1-11　利用 Flash CS5 制作动画

Flash 动画与其他动画作品如 3D Studio Max、Authorware 和 Director 等相比，不仅具有容量小的优点，还具有交互性强、兼容性好等优点，甚至可以通过 HTML 嵌入网页之中，以增强网页的动感效果，许多专业的多媒体软件，如 Authorware 和 Director 等，都可以引入 Flash 动画作品。

另外，用户也可以利用 Flash 创作出交互性的小游戏、教学软件和屏幕保护程序等多媒体作品。这些都大大提高了 Flash 在动画制作软件中的地位。Flash 还支持位图、声音、渐变色和 Alpha 透明等功能。拥有这些功能，用户甚至可以建立一个全部由 Flash 制作的网站。

Flash 由于界面简洁、易学易用，已经成为网页动画制作领域中最受欢迎的动画制作工具。该软件还附带了精美的动画实例和简明教程，即使是新手，也可以很快掌握其使用方法。

1.4.5　Photoshop

Photoshop 是 Adobe 公司开发的一款集图像扫描、编辑修改、图像制作、图像合成、图像输入/输出于一体的专业的图像处理软件。

Photoshop 为美术设计人员提供了无限的创意空间，可以从一个空白的画面或一幅现成的图像开始，通过各种绘图工具的配合使用及图像调整方式的组合，在图像中任意调整颜色、明度、对比，甚至轮廓及图像，通过几十种特殊滤镜的处理，为作品增添变幻无穷的魅力。

Photoshop 由最初的 2.0 版，到今天的 CS6，功能越来越强大。一般图形处理业务用不到其功能的三分之一。Photoshop 在电脑美术的二维平面领域，是具有代表性的软件，掌握了它再学习其他绘图软件将事半功倍。

1.4.6　Fireworks

Fireworks 是 Macromedia 公司开发的一款专为网络图像设计的图形编辑软件。它会对图像进行充分的优化。当然，利用 Fireworks 生成的图像，其色彩也完全符合 Web 标准，在设计时是什么颜色，在网页中显示图像时就是什么颜色。

Fireworks 最方便的地方是它不仅结合了 Photoshop 位图功能及 CorelDRAW 矢量图功能，而且提供了大量的网页图像模板供用户使用，甚至可以进行图像切割、图像映射，制作悬停按钮、制作翻转图像等，并直接生成 HTML 源代码，或嵌入到现有的网页中，或作为单独的网页。

在使用 Fireworks 时，应该牢记它是基于屏幕的图像处理软件，而不是基于出版印刷的图像处理软件，因此其中可编辑的图像分辨率远远低于印刷图像所需要的分辨率。

Fireworks 的工作目的是使图像在计算机屏幕上显示的效果最好，而不是使它打印出来显示效果最好，这是它同其他一些图像处理应用软件最大的区别。

网页中的元素是多样的，因此制作网页也需要各种工具相结合。本书我们将使用和重点介绍的是网页编辑工具 Dreamweaver、平面图形处理软件 Photoshop 和动画制作软件 Flash。

1.5　简单网页制作

本节我们用 Dreamweaver CS5 制作一个简单的网页实例，使读者对网页制作有一个概要的了解。假设我们要制作如图 1-12 所示的网页。

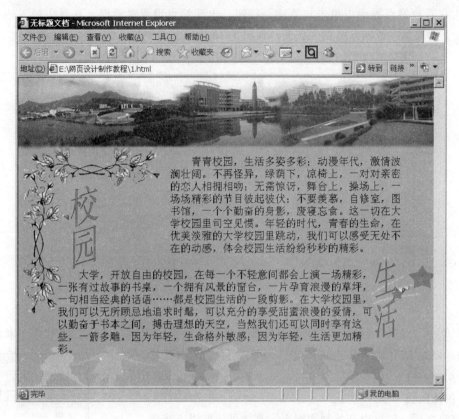

图 1-12　一个简单网页实例

　　首先，要收集有关的资料，然后建立站点和制作网页。本网页所需要的资料仅仅是一个背景图片。我们把它放在 image 文件夹中，另外，text 文件夹中可以存放相关文字内容，如图 1-13 所示。

1．建立站点

　　我们暂时不考虑对外发布，只建立一个本地站点。建立本地站点的步骤如下：

图 1-13　网页文件夹

　　（1）在如图 1-7 所示的 Dreamweaver CS5 启动界面的"文件"面板组中单击"站点管理"链接，出现管理站点界面，如图 1-14 所示。

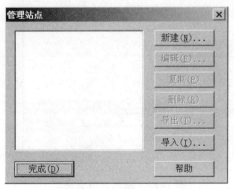

图 1-14　管理站点界面

（2）在管理站点界面中单击"新建"按钮，出现站点设置对话框。在其中输入站点名称（webpage），并选择或输入站点文件夹，如图 1-15 所示。

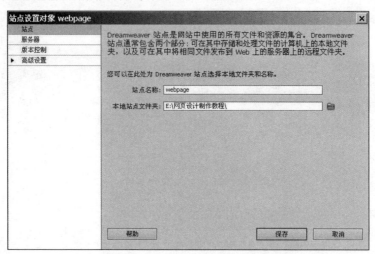

图 1-15　站点设置对话框

（3）单击"保存"按钮，并在站点管理对话框中单击"完成"按钮，即可建立本地站点 webpage，该站点中，除已建立的文件夹外，暂无其他资源，如图 1-16 所示。

2．制作网页

站点建立后，就可以开始制作网页。具体可执行以下步骤：

（1）在图 1-16 所示的站点名称上右击，执行菜单中的"新建文件"命令，或单击主界面中的"新建"→HTML 命令，就进入到新页面编辑窗口。新页面编辑窗口如图 1-17 所示。

图 1-16　站点 webpage

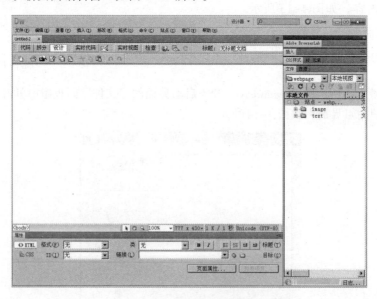

图 1-17　新页面编辑窗口

（2）在属性面板中单击"页面属性"按钮，在页面属性对话框的"背景图像"列表框中
输入背景图像文件的路径（也可以通过"浏览"按钮选取），并将"重复"下拉列表框中的
值选为 no-repeat，如图 1-18 所示。

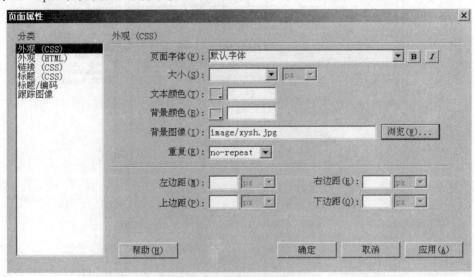

图 1-18　设置背景图片

（3）单击"确定"按钮后，文档窗口即显示出背景图片，如图 1-19 所示。

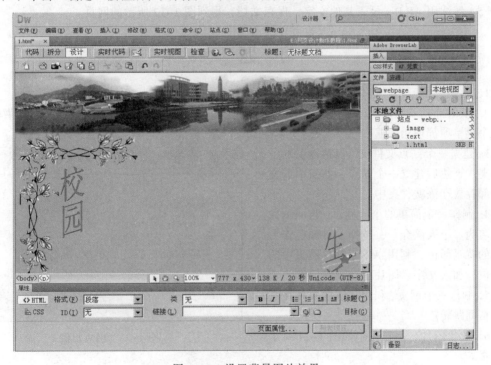

图 1-19　设置背景图片效果

（4）在文档窗口插入一个 AP Div，调整其位置（AP Div 可以放置在网页中的任意位置），
并在其中输入文字，如图 1-20 所示。

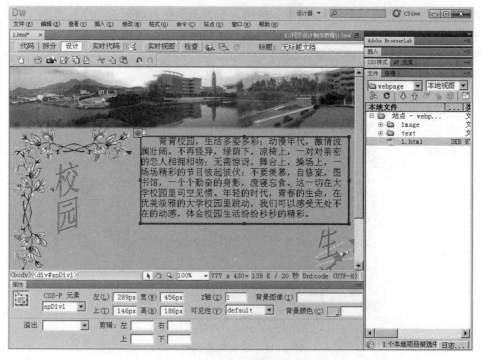

图 1-20　用 AP Div 定位输入文字

（5）继续用 AP Div 录入其他文字，保存文档，得到图 1-12 所示的网页。

习　题　一

1. 上网收集三个以上你认为具有独特风格的网页。

2. 安装并初步使用 Dreamweaver CS5，制作一个简单的网页，然后尽量将"文件"菜单中的各个菜单项都使用一遍。

3. 建立一个站点文件夹（包括需要的子文件夹），然后建立一个站点，站点内的文件全部存放在该文件夹中。

4. 制作一个简单的个人网页，将网页标题命名为"个人简介"，选择一种颜色作为网页的背景颜色，利用 AP 元素在网页中的适当位置加入文字、图片、动画等元素。

5. 制作三个网页，利用超链接实现在三个网页间跳转。

6. 收集图片，制作一个如图 1-21 所示的网页。

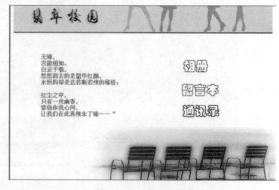

图 1-21　网页示例

第 2 章　超文本置标语言及其应用

　　HTML 是最基本的网页制作语言，简单的网页可以只由 HTML 组成，复杂的、功能强大的网页可以通过 HTML 结合其他 Web 技术（如脚本语言、CGI、组件）来设计实现。虽然使用诸如 Dreamweaver、FrontPage 等工具软件，可以用所见即所得的方式制作简单的网页，而不用编写 HTML 代码，但要制作功能强大、效果更好的网页，就不可避免地要使用 HTML 语言代码。因此掌握 HTML 语言，是学习网页设计必要的基础。本章主要介绍 HTML 基本语法及常用标记的应用。

　　本章内容包括：
- HTML 有关概念。
- HTML 基本语法。
- 常用 HTML 标记及其运用。
- HTML 应用实例。

2.1　HTML　简　介

　　HTML（HyperText Markup Language）即超文本置标语言，是 WWW 系统的描述语言。设计 HTML 语言的目的是为了能把存放在一台计算机中的文本或图形与另一台计算机中的文本或图形方便地联系在一起，形成有机的整体，人们不用考虑具体信息是在当前电脑上还是在网络的其他计算机上，而只需使用鼠标在某一文档中点取一个链接，Internet 就会马上转到与此图标相关的内容上去。

2.1.1　HTML 基本概念

　　HTML 是一种页面描述性标记语言，它通过标记符号来标记要显示的网页中的各个部分。网页文件本身是一种文本文件，通过在文本文件中添加标记符号，形成 HTML 文件，可以告诉浏览器如何显示其中的内容（如：文字如何处理，画面如何安排，图片如何显示等）。当用户使用浏览器下载文件时，就把这些标记解释成它应有的含义，并按照一定的格式将这些被标记语言标记的文件显示在屏幕上。

　　HTML 文件有如下特点：

　　① HTML 作为一个描述性的语言，比一般计算机编程语言简单，学习起来非常容易。

　　② HTML 文件不需要加入其他格式和控制信息（如 Word 等处理软件所制成的文档），所以文档都不太大，能够尽可能快的通过网络传输和实现，这对于网络环境是相当重要的。

　　③ HTML 文档是独立于平台的，对多平台兼容。因此，只要有一个可以阅读和解释 HTML 文件的浏览器，就能够在任何平台上阅读此文件。这一点恰好符合 Internet 上多种多样的硬件种类和平台的特点。

④ 制作一个 HTML 文件并不需要特殊的软件，只要一个能编辑文本文件的字符编辑器（如 Windows 操作系统自带的记事本）就可以了。当然，利用专门的 HTML 编辑器（如 Dreamweaver）编辑会更加直观、方便。

2.1.2　HTML 文件基本结构

一个网页一般对应一个 HTML 文件，它以 .htm 或 .html 为扩展名，可以使用任何能够生成 txt 类型源文件的文本编辑器来产生。

例如，我们在第 1 章 1.5 节制作的网页（见图 1-12），如果在编辑窗口中切换到代码视图，就可以看到对应的 HTML 代码如下：

【例 2-1】网页 HTML 代码概览。

```
1    <!DOCTYPE html PUBLIC "-//W3C//DTD XHTML 1.0 Transitional//EN"
"http://www.w3.org/TR/xhtml1/DTD/xhtml1- transitional.dtd ">
2    <html xmlns="http://www.w3.org/1999/xhtml">
3    <head>
4    <meta http-equiv="Content-Type" content="text/html; charset=utf-8" />
5    <title>无标题文档</title>
6    <style type="text/css">
7    #apDiv1 {
8      position:absolute;
9      width:456px;
10     height:186px;
11     z-index:1;
12     left: 289px;
13     top: 146px;
14   }
15   #apDiv2 {
16     position:absolute;
17     width:600px;
18     height:135px;
19     z-index:2;
20     left: 75px;
21     top: 356px;
22   }
23   body {
24     background-image: url(image/backgroud.jpg);
25     background-repeat: no-repeat;
26   }
27   </style>
28   </head>
29
30   <body>
31   <p><br />
32   </p>
33   <div id="apDiv2">  大学，开放自由的校园，在每一个不轻意间都会上演
一场精彩，一张有过故事的书桌，一个拥有风景的窗台，一片孕育浪漫的草坪，一句相当经典的话
语……都是校园生活的一段剪影。在大学校园里，我们可以无所顾忌地追求时髦，可以充分的享受甜
```

蜜浪漫的爱情，可以勤奋于书本之间，搏击理想的天空，当然我们还可以同时享有这些，一箭多雕。因为年轻，生命格外敏感；因为年轻，生活更加精彩。\<br /\>

```
34   </div>
35   <div id="apDiv1">   青青校园，生活多姿多彩；动漫年代，激情波澜壮阔。
不再怪异，绿荫下，凉椅上，一对对亲密的恋人相拥相吻；无需惊讶，舞台上，操场上，一场场精彩
的节目彼起彼伏；不要羡慕，自修室，图书馆，一个个勤奋的身影，废寝忘食。这一切在大学校园里
司空见惯。年轻的时代，青春的生命，在优美淡雅的大学校园里跳动，我们可以感受无处不在的动感，
体会校园生活纷纷秒秒的精彩。<br />
36   </div>
37   <p> </p>
38   <p> </p>
39   <p> </p>
40   <p> </p>
41   <p> </p>
42   <p> </p>
43   <p> </p>
44   <p> </p>
45   <p> </p>
46   <p> </p>
47   <p> </p>
48   </body>
49   </html>
```

可以看到，HTML 文件看上去和一般文本类似，但是它比一般文本多了些标记，比如\<html\>、\<body\>、\<div\>等，通过这些标记，可以告诉浏览器如何显示这个文件的内容。

文件中的第 1 行是说明本文件采用哪种 HTML（或 XHTML）规范。在新的 HTML5 规范中，前两行已经不需要这么复杂，直接用：

```
<!DOCTYPE html>
<html>
```

就可以了。

文件的第 2～49 行即为网页代码，标记为\<html\>和\</html\>，分别表示 HTML 文件的开始和结束。

第 3～28 行是网页的头部，包含在标记\<head\>和\</head\>中，包括文档标题、网页元信息、样式定义等。头部信息除了文档标题外，是不显示出来的，但是这并不表示这些信息没有用处。比如可以在头部信息里加上一些关键词，有助于搜索引擎能够搜索到你的网页。

第 4 行的\<meta\>标记描述了文档类型和使用的字符集。

第 5 行的\<title\>和\</title\>之间的内容，是这个文件的标题（本网页为"无标题文档"）。即浏览时在浏览器最顶端的标题栏看到的标题。

第 6～27 行是网页中用到的样式说明，本网页中使用了 apDiv 和 body 两种样式，所以在\<style\>和\</style\>之间对 apDiv 的位置、大小和 body 的背景进行了说明。

第 30～48 行是网页的正文，包含在\<body\>和\</body\>之间。其中包括两个\<div\>、\</div\>和若干个\<p\>、\</p\>。\<div\>和\</div\>之间放置的内容是文字块；\<p\>和\</p\>之间是一个段落，这里是空行（ 表示一个空格字符）。

1. 整体结构

标准的 HTML 文件都具有一个基本的结构，页面以\<html\>标记开始，说明该文件是用超文

本置标语言来描述的，以</html>结束，表示该文件的结尾。在它们之间，整个页面有两部分：头部信息和正文。头部信息在<head>和</head>标记之间，正文则夹在<body>和</body>之间，页面上显示的任何内容都包含在这两个标记之中。

HTML 文件的基本形式是：

```
<html>
    <head>
        文件头
    </head>
    <body>
        正文
    </body>
</html>
```

2．头部信息

<head>和</head>这两个标记分别表示头部信息的开始和结尾。头部中包含的是页面的整体情况、标题、样式说明等内容，它本身不作为内容来显示，但影响网页显示的效果。头部中最常用的标记符是<title>标记和<meta>标记，<title>标记用于定义网页的标题，它的内容显示在网页窗口的标题栏中，网页标题可被浏览器用作书签和收藏清单。<meta>标记用于描述有关网页的元信息，如网页介绍、关键字、作者、使用的字符集、自动刷新时间等。

文件头的基本形式是：

```
<head>
    <meta />
        <title>文档标题</title>
        <style>
        样式定义
        </style>
</head>
```

3．主体内容

<body>和</body>之间是网页的主体部分，这是网页的"正文"，网页中显示的实际内容，如文本、图像、动画、表格、超链接等均包含在这两个标记之间。

文件主体的基本形式是：

```
<body>
        网页内容
</body>
```

2.1.3　HTML 基本语法

从上面的代码示例可以看出，HTML 文件就是含有许多 HTML 标记的普遍文本文件。所有 HTML 标记都放在一对尖括弧"<"和">"中，绝大多数标记是成对出现的（不成对的标记称之为"空标记"），由起始标记和对应的结束标记组成，结束标记比起始标记只多一个斜杠"/"（例如<title>和</title>、<body>和</body>、<font>和 </font>），起始标记和结束标记之间的就是被该标记描述的内容。

1．一般标记

一般标记的形式是：

<x>受控超文本</x>

其中，x 代表标记名称。<x>和</x>就如同一组开关：起始标记<x>为开启某种功能，而结束标记</x>（始标记前加上一个斜线/）为关闭该功能，受控的超文本信息便放在两标记之间，可以是文本、文件或另一个元素。例如，"<i>HTML 语言</i>"表示用斜体字显示"HTML语言"。

标记之中还可以附加一些属性，用来对标记做进一步的说明或限定。即使用：

```
<x a1="v1",a2="v2",...,an="vn">受控超文本</x>
```

的形式。其中，a1,a2,...,an 为属性名称，而 v1,v2,...,vn 则是其所对应的属性值，属性值加不加引号，目前所使用的浏览器都可接受，但依据 W3C 的新标准，属性值是要加引号的，所以最好养成加引号的习惯。例如，"<font face="楷体" color="#FF0000"> HTML 语言</font>"表示用红色楷体字显示"HTML 语言"。

一个标记的标记体中可以包含另外的标记。如例 2-1 第 3～28 行的<head>和</head>之间包含了<meta>、<title>和 <style>三种标记，但两种标记的作用范围不能交叉。

需要注意的是"<"与标记名称（如 body、font 等）之间不能有空格，标记名称不分大小写。

2. 空标记

空标记的形式是：

```
<x/>
```

这种形式的标记称为空标记，它不包含受控文本。例如，"<hr/>"表示显示一条水平线，"<br/>"表示换行。

空标记中也可以附加属性，即使用：

```
<x a1="v1",a2="v2",...,an="vn" />
```

的形式，例如，"<hr color="#FF0000" size="3" />"表示显示一条红色的、粗细为 3 个像素的水平线。

目前所使用的浏览器对于空标记后面是否要加"/"并没有严格要求，即在空标记最后有"/"和没有"/"都不影响其功能，但是 W3C 定义的新标准（XHTML1.0/HTML4.0）建议空标记应以"/"结尾，如果希望你的文件能满足最新标准，那么最好加上"/"。

3. HTML 约定规则

在编辑超文本置标语言文件和使用有关标记符时有一些约定或默认的要求。

（1）文本标记语言源程序的文件扩展名默认使用 htm 或 html，以便于操作系统或程序辨认，除自定义的汉字扩展名。在使用文本编辑器时，注意修改扩展名。常用的图像文件的扩展名为gif 和 jpg。

（2）超文本置标语言源程序为文本文件，其列宽可不受限制，即多个标记可写成一行，甚至整个文件可写成一行；若写成多行，浏览器一般忽略文件中的回车符（标记指定除外）；对文件中的空格通常也不按源程序中的效果显示。完整的空格可使用特殊符号" "表示；文件路径使用符号"/"分隔。

（3）标记符中的标记元素用尖括号括起来，带斜杠的元素表示该标记说明结束；大多数标记符必须成对使用，以表示作用的起始和结束；标记元素忽略大小写。许多标记元素具有属性说明，可用参数对元素作进一步的限定，多个参数或属性项说明次序不限，其间用空格分隔即可；一个标记元素的内容可以写成多行。

（4）标记符号，包括尖括号、标记元素、属性项等必须使用半角的西文字符，而不能使用全角字符。

2.2 常用 HTML 标记简介

HTML 定义的标记比较多，而且每个标记还可以带有多个属性，要完全掌握各个标记及其属性的意义及其使用有一定难度，但一般读者并不需要记住这么多标记和属性，只要掌握标记和属性的用法（最主要的就是多数标记成对出现、属性写在起始标记内），甚至不需要记住标记名称、属性名称和属性值，你都可以借助 Dreamweaver 轻易地书写 HTML 代码。因为在代码视图下，只要在页面编辑窗口适当的地方（一个起始标记可以出现的地方）输入 HTML 标记的标志"<"，Dreamweaver 马上就会列表显示出所有可用的标记名称，供你选择，如图 2-1 所示。

图 2-1　标记自动列表

同样，如果你记不住某一个标记有哪些可用的属性，不知道某一个属性可以取哪些值，都可以用类似的方法让 Dreamweaver 列表显示。要让 Dreamweaver 列表显示某一个标记的属性，只需要在输入起始标记名称后（">"之前）输入空格即可。

在图 2-2 中，我们准备为"HTML 语言"这几个字设置字体、颜色等，但只知道这些是使用 font 标记来设置，具体属性名称记不住，因此在 font 后面输入一个空格，Dreamweaver 即列表显示出 font 标记可用的所有属性，其中就包括我们要用的 color、face、size 等。

在图 2-2 中选择了一个属性（如 color）后，Dreamweaver 会继续自动列出该属性可用的值供选择，如图 2-3 所示。

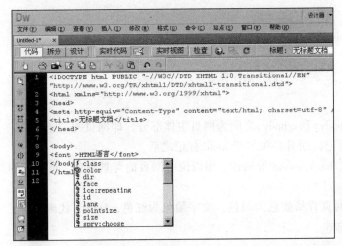

图 2-2 属性自动列表 图 2-3 属性值自动列表

虽然我们基本不用记忆 HTML 标记及其属性也能编写 HTML 代码，但这样每一步都进行选择的话，效率自然就很低，因此，对一些常用的标记、属性和属性值，我们最好能熟练地掌握它。这些标记包括页面、文本、段落、图片、超链接、表格等方面的标记。

2.2.1 页面标记

1．Html 标记

<html>标记是文件的第一项标记，</html>是文件的最后一项标记。浏览器在接收文本信息时，遇到开始标记<html>则把文本按 HTML 解释，直到遇到结束标记</html>为止。<html>和</html>之间表示为一个 HTML 文件，如果没有 html 标记，浏览器就无法识别该文件格式并正确解释它。

2．head 标记

<head>标记为文件头标记，以<head>开始、</head>结束，head 标记中可以包含 title、meta、style 等标记，用于说明文件的标题、字符编码体系、搜索用的关键词等。

3．title 标记

<title>标记为标题标记，用于设置网页标题，这个标题会显示在浏览器窗口的标题栏上，不会出现在页面中。大部分浏览器的收藏、书签或历史记录列表都是以这个标题作为名称。例如例 2-1 的第 5 行<title>和</title>之间为"无标题文档"，所以相应在浏览器中显示的窗口标题为"无标题文档"，见图 1-12。

4．注释标记

<!--注释文字-->，用于对网页中代码的解释，主要用于网页设计人员在编写、修改、阅读时对网页代码的解释、帮助。对浏览者来说是透明的，没有任何的影响，也看不见。

例如，图 2-4 所示的网页代码中（只列出 body 部分），"pic1.jpg 是一张校园风景图"这几个字在浏览时是不显示的，"<!--pic1.jpg 是一张校园风景图-->"只供设计者参考。

```
 8  <body>
 9  <font color="#FF0000">HTML语言</font>
10  <img src="image/pic1.jpg" />  <!--pic1.jpg是一张校园风景图-->
11  </body>
```

图 2-4　代码中的注释

5. body 标记

<body>标记为网页主体标记，<body>和</body>之间为网页主体部分，即网页的"正文"。一个 HTML 文档只能有一对<body>标记，而且必须位于 head 标记之后。

<body>标记可以带 bgcolor、text、background 等属性，用以说明网页的背景颜色、页面中的文字颜色、页面使用的背景图片等。

例如，我们在 body 标记中设置网页背景颜色为绿色，文字颜色为红色，HTML 代码如下：

【例 2-2】设置网页背景和文字颜色。

```
1   <html>
2   <head>
3   <meta http-equiv="Content-Type" content="text/html; charset=utf-8" />
4   <title>无标题文档</title>
5   </head>
6
7   <body bgcolor="#00FF00" text="#FF0000">
8   <p><font color="#0000FF" size="+3">校园生活</font></p>
9   <p>青青校园，生活多姿多彩；动漫年代，激情波澜壮阔。不再怪异，
    绿荫下，凉椅上，一对对亲密的恋人相拥相吻；无需惊讶，舞台上，
    操场上，一场场精彩的节目彼起彼伏；不要羡慕，自修室，图书馆，
    一个个勤奋的身影，废寝忘食。</p>
10  <p>年轻的时代，青春的生命，在优美淡雅的大学校园里跳动，我们
    可以感受无处不在的动感，体会校园生活分分秒秒的精彩。</p>
11  </body>
12  </html>
```

则对应的网页预览效果如图 2-5 所示。

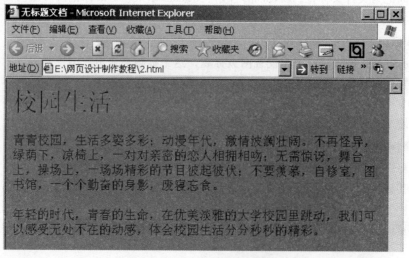

图 2-5　<body>属性设置效果

　　从图中可以看到，页面背景颜色变成了绿色，页面中的文字除了第一行因为进行了特别设置（代码第 9 行的 font 标记带有 color 属性）以外，其他都是红色。

　　需要说明的是，与颜色有关的属性（color、bgcolor 等）取值可以使用属性="#rrggbb"的形式。其中 rr 表示红色的分量值，gg 表示绿色的分量值，bb 表示蓝色的分量值，均为 16 进制数字。

　　也可以采用预定义色彩 Black, White, Yellow, Green, Red, Blue, Olive, Teal, Maroon, Navy, Gray, Lime, Silver, Fuchsia, Purple, Aqua 之一。如例中第 8 行改为<body bgcolor="Green" text="Red">，效果是一样的。

2.2.2　文本标记

1. 设定字体、大小、颜色

文本的字体、大小、颜色设置，可以使用<font>标记，格式为：

`<font face="字体名" size=n color="#RRGGBB">受控文本</font>`

　　其中，n 的值可以取 1 到 7，或取"-6"到"+6"。"<font size=+1>受控文本</font>"的意思是，用比默认字大 1 级的大小来显示受控文本，"<font size=+1>受控文本</font>"就是用比默认字小 2 级的大小来显示受控文本。一般来说，默认大小为 3。

　　例如，例 2-3 的代码，显示效果如图 2-6 所示。

【例 2-3】设置字体、大小和颜色。

```
1  <html>
2  <head>
3  <meta http-equiv="Content-Type" content="text/html; charset=utf-8" />
4  <title>字体设置</title>
5  </head>
6
7  <body>
8  <font face="楷体" color="#FF0000">楷体、红色、默认大小</font><br/>
9  <font face="黑体" color="#0000FF" size="1">黑体、蓝色、大小 1</font><br/>
10 <font face="黑体" color="#FF00FF" size="4">黑体、粉红色、大小 4</font><br/>
11 <font face="黑体" color="#FFFF00" size="7">黑体、黄色、大小 7</font><br/>
12 <font face="隶书" color="#000000" size="-1">隶书、黑色、大小-1</font><br/>
13 <font face="隶书" color="#00FF00" size="+2">隶书、绿色、大小+2</font>
14 </body>
15 </html>
```

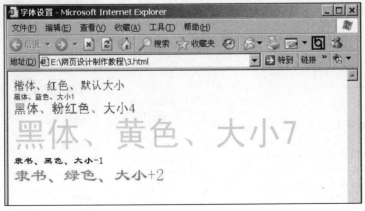

图 2-6　<font>标记设置效果

　　需要注意的是，如果在网页中有字体设置，那么浏览该网页的计算机也要安装相应的字体，否则看到的仍然还是宋体。

2．字形变化标记

　　在文字标记里，对于文字的形式也有很多的变化，如粗体、斜体、上标、下标、加强等。字形设置格式为：

`<字形>受控文本</字形>`

　　常用的字形标记有`<b>`、`<i>`、`<u>`、`<sup>`、`<sub>`、`<strong>`等。例如，例 2-4 的代码，显示效果如图 2-7 所示。

【例 2-4】字形的设置。

```
1   <html>
2   <head>
3   <meta http-equiv="Content-Type" content="text/html; charset=utf-8" />
4   <title>字体设置</title>
5   </head>
6
7   <body>
8   <b>加粗字形</b><br/>
9   <i>斜体字形</i><br/>
10  <u>文字加下画线</u><br/>
11  正常文字<sup>上标</sup><br/>
12  正常文字<sub>下标</sub><br/>
13  <strong>强调文字</strong><br/>
14  </body>
15  </html>
```

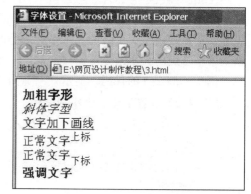

图 2-7　字形标记设置效果

3．标题标记

　　Dreamweaver 中有一种预定义的字体样式叫做标题字体，标题字体一共有六种，标记为从`<h1>`到`<h6>`，`<h1>`最大，`<h6>`最小。使用标题标记时，该标记会将字体变成粗体字，并且会自成一行。字形设置格式为：

`<hn>受控文本</hn>`

　　其中 n 为具体的数字，例如，下面的代码，显示效果如图 2-8 所示。

【例 2-5】标题样式的使用。

```
1   <html>
2   <head>
3   <meta http-equiv="Content-Type" content=
"text/html; charset=utf-8" />
4   <title>字体设置</title>
5   </head>
6
7   <body>
8   <h1>标题样式 h1</h1><br/>
9   <h2>标题样式 h2</h2><br/>
10  <h3>标题样式 h3</h3><br/>
11  <h4>标题样式 h4</h4><br/>
12  <h5>标题样式 h5</h5><br/>
13  <h6>标题样式 h6</h6>
14  </body>
15  </html>
```

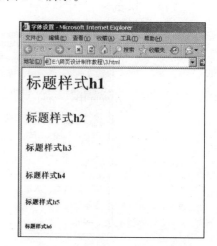

图 2-8　标题样式设置效果

2.2.3　图像标记

在页面中插入图像用<img>标记，常用格式为：

<img src="文件名" width="宽度" height="高度" alt="说明">

其中，src 属性用来设置图片所在的路径和文件名；width 和 height 分别用来设置图片的显示宽度和高度；alt 属性用来设置图片的说明文字，当浏览器尚未完全读入图片或浏览器不支持图片显示时，在图片位置显示这些文字。

例如，例 2-6 所示的代码，显示效果如图 2-9 所示。

图 2-9　<img>标记设置效果

【例 2-6】图像标记的使用。

```
1   <html>
2   <head>
3   <meta http-equiv="Content-Type" content= "text/html; charset=utf-8" />
4   <title>无标题文档</title>
5   </head>
6
7   <body>
8   <img src="image/pic1.jpg"/>
9   <img src="image/pic2.jpg" height="200" width="260" alt="大海"/>
10  </body>
11  </html>
```

目前常用于网页中的图像格式有两种，即 gif 和 jpg 两种格式。gif 格式色彩相对较少，只有 256 色，比较适合电脑美工图案、网站图标等。而 jpg 格式的图案是全彩失真压缩，比较适合颜色较丰富的图片，如照片就较适合用 jpg 格式来呈现。

2.2.4　排版标记

1．段落标记

标记<p>和</p>之间为一个段落，<p>标记不但能使其后的文本换到下一行，还可以使两段之间多一空行。段落标记的使用格式为：

```
<p align=对齐方式>受控文本</p>
```

　　其中，属性 align 用来设置段落的对齐方式，可以为 left、center 或 right，分别表示居左、居中、居右。默认时为 left。

2．换行标记

　　
标记只用于换行，是一种单标记。
可以插入到文本中间，使其后面的内容显示在下一行，但不会在行与行之间留下空行。

　　例如，例 2-7 所示的代码，显示效果如图 2-10 所示。

　　【例 2-7】换行标记的使用。

```
1  <html>
2  <head>
3  <meta http-equiv="Content-Type" content="text/html; charset=utf-8" />
4  <title>字体设置</title>
5  </head>
6
7  <body>
8  <p>走向远方是为了让生命辉煌，年轻的眼眸里装着梦，更装着思想。</p>
9  <p align="center">不去想未来是平坦还是泥泞，</p>
10  <p align="right">只要热爱生命，一切，都在意料之中。</p>
11  <p>走向远方是为了让生命辉煌，<br/>年轻的眼眸里装着梦，更装着思想。<br/>不去想未来
是平坦还是泥泞，<br/>只要热爱生命，<br/>一切，都在意料之中。</p>
14  </body>
15  </html>
```

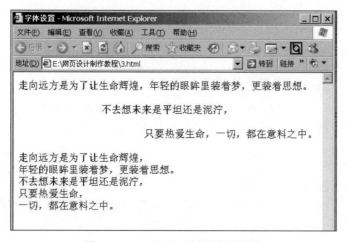

图 2-10　<p>和
标记设置效果

3．置中标记

　　如需将显示内容水平居中，可以使用<center>标记，它可以将文字、图片、表格等任何可以显现在网页上的内容水平居中放置。格式为：

```
<center>置中的对象</center>
```

4．缩进标记

　　利用<blockquote>标记可以将文本左右缩进，该标记可以重复使用，以达到多级缩进的目的。标记使用格式为：

```
<blockquote>受控文本</blockquote>
```

例如，例 2-8 所示的代码，显示效果如图 2-11 所示。

【例 2-8】缩进标记的使用。

```
1  <html>
2  <head>
3  <meta http-equiv="Content-Type" content="text/html; charset=utf-8" />
4  <title>字体设置</title>
5  </head>
6
7  <body>
8  <center><p>走向远方是为了让生命辉煌，<br/>年轻的眼眸里装着梦，更装着思想。<br/>
不去想未来是平坦还是泥泞，<br/>只要热爱生命，<br/>一切，都在意料之中。</p></center>
9  <blockquote>走向远方是为了让生命辉</blockquote>
10  <blockquote><blockquote>年轻的眼眸里装着梦，更装着思想。<br/></blockquote>
</blockquote>
11   <blockquote><blockquote><blockquote>不 去 想 未 来 是 平 坦 还 是 泥 泞，
<br/></blockquote></blockquote></blockquote>
12   <blockquote><blockquote><blockquote><blockquote>只 要 热 爱 生 命，
<br/></blockquote></blockquote></blockquote></blockquote>
13  <blockquote><blockquote><blockquote><blockquote><blockquote>一切，都在意
料之</blockquote></blockquote></blockquote></blockquote></blockquote>
14  </body>
15  </html>
```

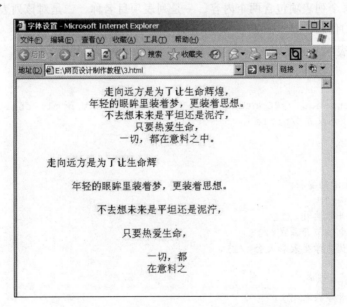

图 2-11 `<center>`和`<blockquote>`标记设置效果

5. 列表标记

列表分为有序列表、无序列表和定义列表，有序列表带有序号，列表标记为`<ol>`；无序列表不带序号，但有项目符号，列表标记为`<ul>`；定义列表则在每个列表项后带有简单的解释，列表标记为`<dl>`。三种列表的标记使用格式如下。

① 有序列表：

```
<ol type="序号标志">
<li>列表项 1</li>
<li>列表项 2</li>
    …
</ol>
```

其中，type 的取值有 5 个："1"表示数字序号，"A"表示大写英文字母序号，"a"表示小写英文字母序号，"I"表示大写罗马字母序号，"i"表示小写罗马字母序号。

② 无序列表：

```
<ul type="符号标志">
<li>列表项 1</li>
<li>列表项 2</li>
    …
</ul>
```

其中，type 的取值有 3 个："disc"表示实心圆，"circle"表示空心圆，"square" 表示实心方点。

③ 定义列表：

```
<dl>
<dt>列表项 1</dt><dd>说明 1</dd>
<dt>列表项 2</dt><dd>说明 2</dd>
    …
</dl>
```

定义列表的每个列表项包含两个内容，一是列表项目名称，二是对该列表项的简单说明。例如，下面的代码，显示效果如图 2-12 所示。

【例 2-9】列表标记的使用。

```
1   <html>
2   <head>
3   <meta http-equiv="Content-Type" content="text/html; charset=utf-8" />
4   <title>字体设置</title>
5   </head>
6
7   <body>
8   本学期学生活动安排:
9   <ol type="1">
10      <li>开学典礼</li>
11      <li>电脑节开幕式</li>
12      <li>优秀学生表彰大会</li>
13  </ol>
14  <ol type="A">
15      <li>开学典礼</li>
16      <li>电脑节开幕式</li>
17      <li>优秀学生表彰大会</li>
18  </ol>
19  <ul type="disc">
20      <li>开学典礼</li>
21      <li>电脑节开幕式</li>
22      <li>优秀学生表彰大会</li>
23  </ul>
```

```
24  <dl>
25      <dt>开学典礼</dt><dd>学院主办</dd>
26      <dt>电脑节开幕式</dt><dd>团委主办</dd>
27      <dt>优秀学生表彰大会</dt><dd>学生处主办</dd>
28  </dl>
29  </body>
30  </html>
```

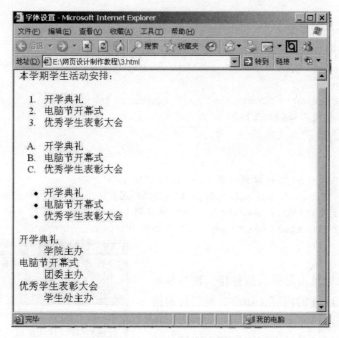

图 2-12　列表标记设置效果

2.2.5　超链接标记

超链接就是网页中的一个热点，单击它可以从当前点跳转到其他位置，既可以跳到当前页的某个位置，也可以跳到本地机上的其他网页，或跳到互联网上其他计算机上的网页，甚至跳转到声音、图片等多媒体文件。

当网页包含超链接时，网页中的外观形式为彩色且带下画线的文字或图片。单击这些文字或图片，可跳转到相应位置。鼠标指针指向超链接的显示文本或图片时，将变成手形。

使用超链接，就需要知道被链接的网页文件（目标文件）的路径，即目标文件在计算机中所存放的位置。文件路径分为绝对路径和相对路径，绝对路径是指提供所链接的文档的完整 URL，而且包括所使用的服务器协议。例如 "http://www.sohu.com/20130628/n380117065.shtml" 和 "ftp://10.10.1.30/网页设计.doc" 都属于绝对路径，外部超链接（既链接其他网站）必须使用绝对路径；相对路径是指目标文件相对于当前网页的地址，即省略掉目标文件与当前文件相同的 URL 部分，只保留不同的 URL 部分，网站内部的超链接常用相对路径。

超链接使用标记<a>，一般格式为：

`<a href="URL" target="目标窗口">热点</a>`

其中，目标窗口取值可以是 "blank"、"parent"、"self"、"top" 之一，意义如下：

- Target="_blank"，将目标网页内容显示在一个新的浏览器窗口中。
- Target="_parent"，将目标网页内容显示在当前窗口的父窗口中。该项一般在有框架的网页中使用。
- Target="_self"，将目标网页内容显示在当前窗口中（默认值）。
- Target="_top"，将目标网页内容显示在整个浏览器窗口中。该项一般在有框架的网页中使用。

例如，下面的代码，显示效果如图 2-13 所示。

【例 2-10】超链接标记的使用。

```
1  <html>
2  <head>
3  <meta http-equiv="Content-Type" content="text/html; charset=utf-8" />
4  <title>无标题文档</title>
5  </head>
6
7  <body>
8  <a href="1.html">链接到网页 1.html</a><br/>
9  < a href="2.html" target="_blank">链接到网页2.html(新窗口显示网页2)</a><br/>
10 < a href=" http://www.163.com">链接到 163 网站</a><br/>
11 < a href="image/dream.jpg">链接显示图片 dream.jpg</a>
12 </body>
13 </html>
```

在此浏览窗口中单击第一行的链接，窗口显示内容切换到网页 1.html 的内容，如单击第二行的链接，则新打开一个窗口显示网页 2.html 的内容，单击第三行的链接，窗口显示内容切换到 163 网站，单击第四行的链接，窗口显示内容切换为 image 文件夹下的图片 dream.jpg。

图 2-13　<a>标记设置效果

2.2.6　声音标记

在网页中加入声音有三种方法。一是利用链接标记<a>将声音文件做成一个链接，浏览时单击链接才播放声音；二是利用音频标记<bgsound>在网页中加入背景音乐；三是使用<embed>标记嵌入音乐文件。链接标记前面已有介绍，这里只介绍利用<bgsound>或<embed>在网页中加入声音的方法。

音频标记<bgsound>的格式为：

<bgsound src="声音文件" loop="播放次数">

播放次数为-1 时，声音将一直播放直到关闭网页。

<embed>标记格式如下：

<embed src="声音文件" width="x" height="y" autostart="true/false" loop="true/false" hidden="true/false" >

<embed>标记可以在网页上显示播放器，用以控制音乐的播放。x 和 y 是播放器的宽度和高度，如果 hidden="true"，则不显示播放器；autostart 属性设置是否自动播放，loop 属性设置是否循环播放。

例如,下面的代码浏览时,页面上显示宽 100 像素,高 50 像素的播放器,并自动播放 001.mid 一遍(不重复)。

【例 2-11】 <embed>标记的使用。

```
1  <html>
2  <head>
3  <meta http-equiv="Content-Type" content="text/html; charset=utf-8" />
4  <title>无标题文档</title>
5  </head>
6
7  <body>
8   <embed src="music/001.mid" width="100" height="50" autostart="true" loop="false">
9  </body>
10  </html>
```

2.2.7　表格标记

一个表格可以看成由若干行组成,每一行又是由若干单元格组成的,与表格有关的标记主要有<table>、<caption>、<tr>、<td>和<th>。<table>用来标记一个表格,<caption>标记表格标题,<tr>用来标记一行,<td>用来标记一个单元格,<th>用来标记标题行中的单元格。

表格标记格式为:

```
<table width="x" height="y" border="n">
  <caption>表格标题</ caption>
<tr>
  <th>标题行单元格 1 内容</th>
  <th>标题行单元格 2 内容</th>
  ……
</tr>
<tr>
  <td>第一行单元格 1 内容</td>
  <td>第一行单元格 2 内容</td>
  ……
</tr>
……
</table>
```

例如, 下面的代码, 显示效果如图 2-14 所示。

【例 2-12】 表格标记的使用。

```
1  <html>
2  <head>
3  <meta http-equiv="Content-Type" content="text/html; charset=utf-8" />
4  <title>无标题文档</title>
5  </head>
6
7  <body>
8  <table width="300" height="120" border="1">
9   <caption>学生登记表</caption>
10   <tr>
```

```
11          <th>学号</th>
12          <th>姓名</th>
13          <th>性别</th>
14      </tr>
15      <tr>
16          <td>201303001</td>
17          <td>张小明</td>
18          <td>男</td>
19      </tr>
20      <tr>
21          <td>201304002</td>
22          <td>李小莉</td>
23          <td>女</td>
24      </tr>
25  </table>
26  </body>
27  </html>
```

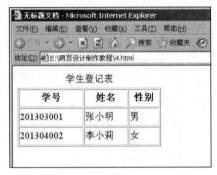

图 2-14　表格标记设置效果

2.3　HTML 应用实例

本节我们将以制作一个具有滚动显示的图片和字幕的实例来进一步说明 HTML 代码的使用方法和应用效果。效果如图 2-15 所示。

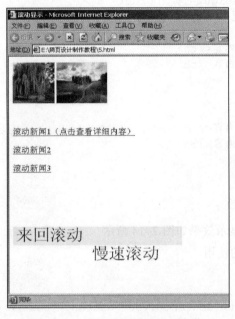

图 2-15　滚动显示的图片和字幕

在页面中要使某个对象（文字、图片或其他）滚动显示，可以用 marquee 标记实现。只要将欲滚动显示的对象放在<marquee>和</marquee>之间，就可以实现滚动显示。

marquee 标记有很多属性用来定义对象的滚动方式，如表 2-1 所示。

表 2-1 marquee 标记的属性

属　　性	描　　　　　述
bgcolor	设定文字卷动范围的背景颜色
loop	设定文字卷动次数，其值可以是正整数或 infinite 表示无限次，默认为无限循环
height	设定字幕高度
width	设定字幕宽度
scrollamount	指定每次移动的距离，数值越大速度越快
scrolldelay	文字每一次滚动的停顿时间，单位是毫秒。时间越短滚动越快
hspace	指定字幕左右空白区域的大小
vspace	指定字幕上下空白区域的大小
direction	设定文字的卷动方向，left 表示向左，right 表示向右
behavior	指定移动方式，scroll 表示滚动播出，slibe 表示滚动到一方后停止，alternate 表示滚动到一方后向相反方向滚动

图 2-15 的页面中使用的代码如例 2-13。

【例 2-13】HTML 标记综合运用。

```
1  <html>
2  <body>
3  <center>
4  <marquee direction="right" width="400">
5  <img src="image/pic2.jpg" width="120" height="100">
6  <img src="image/pic3.jpg" width="120" height="100">
7  </marquee><br/>
8  <marquee direction="up" height="300" width="400">
9  <a href="news1.html">滚动新闻 1（单击查看详细内容）</a><br/>
10  <a href="news2.html">滚动新闻 2</a><br/>
11  <a href="news3.html">滚动新闻 3</a>
12  </marquee><br/>
13  <marquee bgcolor="#FFFFCC" behavior="alternate" width="400">
14  <font size=6 color="navy">来回滚动</font>
15  </marquee><br/>
16  <marquee scrollamount="2" scrolldelay="200" width="400">
17  <font size=6 color="purple">慢速滚动</font>
18  </marquee>
19  </body>
20  </html>
```

其中，第 4～7 行实现两张图片（pic1.jpg、pic2.jpg）的滚动显示，滚动方式是默认的，限制滚动范围在 400 像素以内（width="400"）；第 8～12 行实现文字滚动显示的同时，可以单击链接，滚动方向为向上滚动，滚动范围高度为 300 像素的范围；第 13～15 行实现来回滚动（behavior="alternate"）；第 16～18 行设置文字滚动显示时，一次只移动 2 个像素，每次移动后停顿一定间隔。

习　题　二

1. 用 HTML 做一个简单网页，网页标题（title）为"我的个人网页"，主体（body）内容输入至少两段文字和一张图片，将网页保存为 lx1.html。

2. 制作一个网页，在设计视图中加入文字、图片、链接等，并进行字体、颜色等设置。每加入一种成分或进行一种设置，就切换到代码视图查看页面的 HTML 代码变化情况，以此了解 HTML 代码的编写。

3. 编写 HTML 代码，制作一个"大字体"链接，要求链接处为斜体、红色的大字。效果如图 2-16 所示。

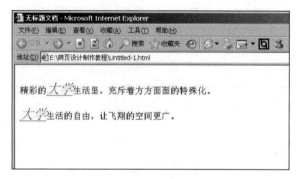

图 2-16　链接示例

4. 请先分析下列的 HTML 代码，再在浏览器中查看结果与你的分析是否一致。

```
<html>
<head>
<body>
<table bgcolor="pink"  border=1>
<caption>学生基本情况表</caption>
<tr><th>姓名</th><th>性别</th><th>年龄</th><th>电话号码</th><th>专业</th>
<tr><td>王林</td><td>男</td><td>25</td><td>02085678945</td><td>英语</td>
<tr><td>李静</td><td>女</td><td>23</td><td>02085648341</td><td>计算机</td>
</table>
</body>
</head>
</html>
```

5. 编写 HTML 代码，制作一个如图 2-17 所示的表格。

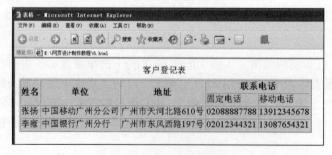

图 2-17　表格制作样图

6. 制作一个在指定区域内滚动显示的字幕，要求：

（1）上下来回滚动显示，每个来回时间不快于 5 秒。

（2）单击字幕时，可以显示与之相关的更详细信息（信息内容自定）。

效果如图 2-18 所示。

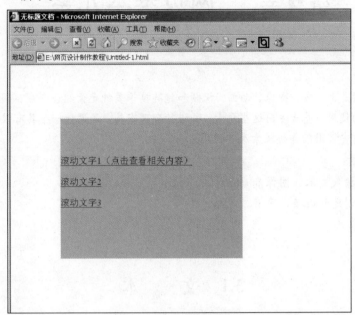

图 2-18　滚动字幕样图

第 **3** 章　网页基本元素

一个网页一般是由文本、图像、动画、视频和超链接等多种元素组合而成，网页制作不可避免地涉及这些元素的使用。灵活运用这些元素，并进行合理布局，是设计一个具有吸引力的网页的基础。本章介绍网页中常用的各种元素及其使用。

本章内容包括：

- 在网页中插入文本、图像和动画。
- 在网页中创建超链接、声音、表格。
- 创建 AP 元素。
- 设置页面。

3.1　文　　本

文本是网页表达信息的主要途径之一，互联网上大量信息的传播以文本为主。文本在网站上的运用是最广泛的，因此对于网页制作人员来说，文本的处理依然是基本而重要的技巧之一。学习网页制作首先应掌握网页中文本的制作和编辑方法。

3.1.1　在网页中添加文本

文本是网页中最简单但是最重要的元素，Dreamweaver 是一种"所见即所得"的网页创作工具，提供了强大的文本处理功能，插入文本非常方便，可以直接在文档窗口中输入，也可以把其他应用程序（如写字板、记事本、Word、浏览器等）中的文本粘贴到文档窗口。

1. 直接输入文本

在 Dreamweaver 中输入文本和其他字处理程序中基本一样，可以自动换行，也支持剪贴板操作。

网页中的回车换行，分为软回车和硬回车。软回车的行间距比较小，硬回车的行间距比较大。一般段内用软回车，段间用硬回车。软回车和硬回车的键盘操作分别是【Shift+Enter】和【Enter】，它们对应的 HTML 标签分别是
和<p></p>。

如需在网页中连续输入多于 1 个的空格，可以按快捷键【Ctrl+Shift+空格】，这样在代码视图中，就添加了一个空格标记（ ），如图 3-1 中显示的网页所对应的 body 部分代码如下：

```
<body>
<p>网页设计与制作</p>
<p>
    Internet 作为一个蕴含巨大信息资源和人类智慧的网络空间吸引
了越来越多的人。Internet 的应用已经与人类生活密切相关，基于 Internet 而兴起的网页制作，
```

已经为人们普遍接受，网站建设越来越流行，越来越多的人开始从事这一行业。用于网页设计的软件也层出不穷。目前应用较为广泛的有：

```
</p>
<p>
     1. Dreamweaver<br>
     2. FrontPage<br>
     3. PageMaker<br>
     4. HomeSite<br>
</p>
</body>
```

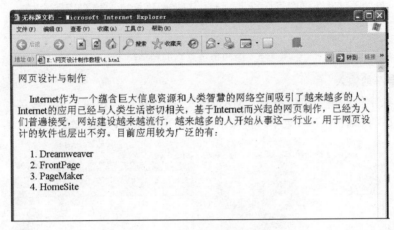

图 3-1　在网页中输入文本

2. 复制粘贴文本

如果在 Dreamweaver 中直接复制粘贴文本，选择要复制的文本后在目的地处右击鼠标，在弹出的快捷菜单中选择"粘贴"命令；或单击菜单栏中的"编辑"→"粘贴"命令即可。

如果要复制其他文档类型中的文本，先在文本来源处（浏览器、Word、记事本或其他）执行"复制"命令，再在 Dreamweaver 的文档编辑区右击（或选择"编辑"菜单），执行"选择性粘贴"命令。粘贴时可以选择带格式粘贴，或只粘贴文字。"选择性粘贴"对话框如图 3-2 所示。

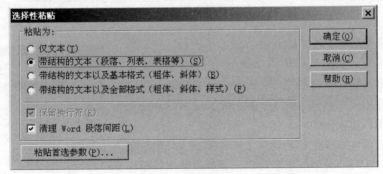

图 3-2　选择粘贴方式

图 3-3 是选择"带结构的文本及全部格式"和"仅文本"两种粘贴方式后的结果，其中上部（包括标题）为带结构的文本及全部格式粘贴，下面一段为仅文本粘贴。

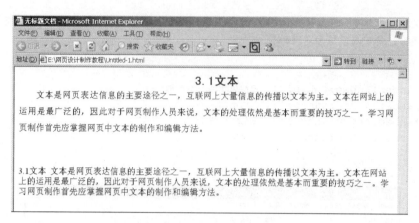

图 3-3　不同粘贴方式的粘贴结果

3．特殊字符的输入

有一些特殊字符，例如版权符号、商标符号、欧元符号、日期、水平线等，Dreamweaver 在"插入"菜单的"HTML"子菜单"特殊字符"的子菜单项全列出来了，如图 3-4 所示。

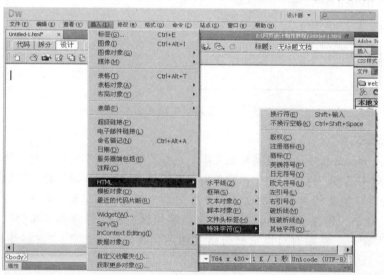

图 3-4　特殊字符菜单

利用特殊字符菜单，可以输入换行符、不换行空格、欧元符号、版权符号、商标符号等。

网页中日期的输入可以利用 Dreamweaver 提供的日期对象，它不仅方便用户在网页中插入日期信息，还可以在每次保存文件的时候自动更新。

输入日期的具体操作是：把光标定位到要插入日期的位置，执行"插入"→"日期"菜单命令，在弹出的对话框中选择日期和时间的格式，并注意选中"储存时自动更新"复选框，如图 3-5 所示。

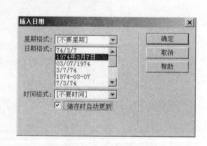

图 3-5　插入日期

3.1.2　设置文本格式

文本格式包括字体、颜色、大小、对齐方式等，其中有些文本格式（如字体、颜色、对齐方式等）可以通过"格式"菜单进行设置，有些则需要通过 CSS 样式（如大小）设置。设置之后立即可以看到结果，真正实现了"所见即所得"。

1. 字体设置

选中某一行文字，执行"格式"→"字体"菜单命令，从中可以选择字体，如图 3-6 所示。

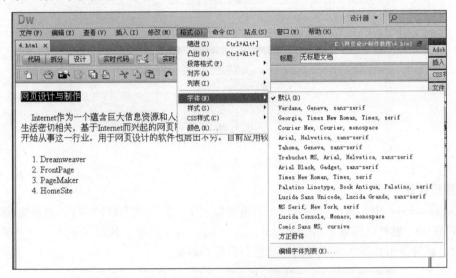

图 3-6　设置文本字体

选择一种字体后，Dreamweaver 立即显示如图 3-7 所示的样式定义对话框，要求对这种设置定义一种样式。

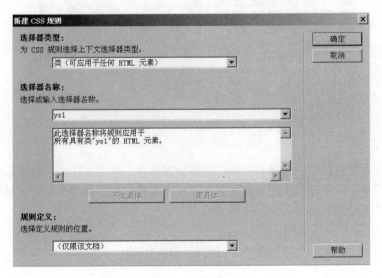

图 3-7　样式定义

样式是一种综合属性设置，包括字体、大小、颜色、背景、位置、对齐方式以及一些特殊效果等，由于其应用非常广泛，我们在第 4 章专门介绍。在这里我们只给出样式的名字（ys1），这样在后面就可以通过名字使用该样式。

在弹出的字体菜单中（见图 3-6）如果没有合适的字体，可以选择"编辑字体列表"命令，在"编辑字体列表"对话框中加入新的字体，如图 3-8 所示。

图 3-8　加入新字体

2．颜色设置

在 Dreamweaver 中，颜色可用 6 位十六进制数表示，如白色为#FFFFFF，黑色为#000000，红色为#FF0000，也可以用英文名，如 red、black 等。选中对象，执行"格式"→"颜色"菜单命令时，系统弹出如图 3-9 所示的"颜色"设置对话框。

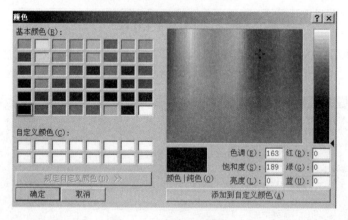

图 3-9　"颜色"对话框

从"颜色"设置对话框中选择颜色后，也需要像字体一样定义样式。这里的颜色设置可以合并定义到前面的字体样式中（使用前面定义过的样式名字，如 ys1），也可以另外定义一种新的样式（起一个新的样式名字）。

3.2　图像和动画

为了增加网页的吸引力，几乎所有的主页上都或多或少的带有一些图像和动画。在页面中恰当地使用图像和动画，能够极大地吸引浏览者的注意。

3.2.1 在网页中插入图像

要在网页中加入图像，必须先用图像制作和编辑工具先把图像制作好，Dreamweaver 只是一个集成工具，它可以把制作好的图像、动画、音频、视频等集成到网页中来，但一般不能用来制作图像、动画等。

假设图 3-10 所示的图像已经制作好，放在 image 文件夹中，名为 dreamweaver.jpg，则执行"插入"→"图像"菜单命令，将图像加入到网页中。

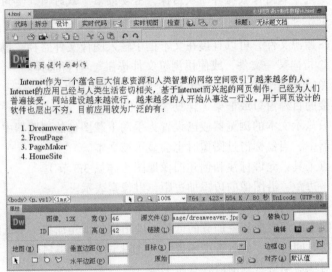

图 3-10　图像及其属性面板

加入图像后，如到代码视图查看 HTML 代码，则与所插入图像对应的 HTML 代码有可能是：
`<img src="image/dreamweaver.jpg" width="46" height="42"/>`

或者

`<img src="file:///E|/网页设计制作教程/image/dreamweaver.jpg" width="46" height="42"/>`

前一行中的"image/dreamweaver.jpg"是相对路径，即相对于网页存放的位置来说，是它的 image 子文件夹下的 dreamweaver.jpg 文件；后一行中的 file:///E|/网页设计制作教程/image/dreamweaver.jpg 是绝对路径，即不管网页存放在哪里，指明图像文件所在的全部路径总是对的。后一种情况用在插入图像时，网页还没保存（因而也不知道放在哪里）的情况。

网页中插入图像时，也可以先只插入图像占位符，而不指明所插的文件。这种情况主要用于网页图像还未制作完毕，但其他内容却已经准备好，这就需要用占位符先将图像的位置预留出来。

需要注意的是，图像文件有多种格式，不是每种格式都可以在网页里使用的。一般来说，jpg 和 gif 格式的图像文件在网页里都能显示。

3.2.2 图像属性设置

插入或选中图像后，文档窗口下方的属性面板中即显示图像属性，见图 3-10。其中各参数的意义如下：

图像大小：在图像缩略图的右侧可以看到图像文件的大小，本例图像大小为 1KB。

图像标识名：在图像大小下方的文本框中可以输入图像标识名，以便在使用 Dreamweaver 行为或用脚本语言（如 JavaScript 或 VBScript）编写程序时引用该图像。

宽和高：设置图像的宽度和高度，以像素表示，在页面中插入图像时，Dreamweaver 会自动根据图像的原始大小更新它们。也可以在这两个文本框中输入数值，以指定图像的显示大小。

注意：用更改"宽"和"高"数值来缩放图像的显示大小时，不会缩短或增加图像的下载时间，因为浏览器是先下载图像数据再缩放图像。若要缩短下载时间，要用图像编辑程序对原始图像进行编辑缩小。

源文件：指定图像源文件，可以直接在文本框中输入图像文件路径，也可以拖动文本框右侧的指向文件按钮 ⊕ 指向某一文件，或使用浏览文件按钮 📁 进行选择。

链接：指定图像的超链接（详见 3.3 节）。

目标：指定链接的目标窗口或框架（详见 3.3 节）。

替换：指定在只显示文本的浏览器或已设置为手动下载图像的浏览器中代替图像显示的替换文本。某些浏览器中，当鼠标滑过图像时也会显示该文本。

地图名称和热点工具：允许标注和创建图像地图（详见 3.3 节）。

垂直边距和水平边距：沿图像的边添加边距，以像素表示。

对齐：对齐同一行上的图像和文本。

原始：指定加载主图像之前需要加载的低解析度图像。预先加载一个低解析度图像主要是为了防止访问者等待时间过长。低解析度图像一般使用主图像的黑白版本，这样既可以迅速加载，又可使访问者对他所期待看到的内容有所了解。

边框：图像边框的宽度，以像素表示。默认为无边框，设置边框为"5"，效果如图 3-11 所示。

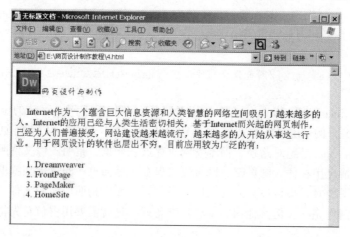

图 3-11　图像边框为"5"

3.2.3　插入鼠标经过图像

鼠标经过图像是指网页中的图像当鼠标经过它时，变成另外一幅图像。在网页中，这种效果是通过两幅图像实现的。因此，要插入鼠标经过图像，必须先准备两幅图像。

例如，我们准备了两幅图像 dreamweaver.jpg 和 dreamweavero.jpg，在页面编辑区执行"插入"→"图像对象"→"鼠标经过图像"菜单命令，出现如图 3-12 所示的对话框。

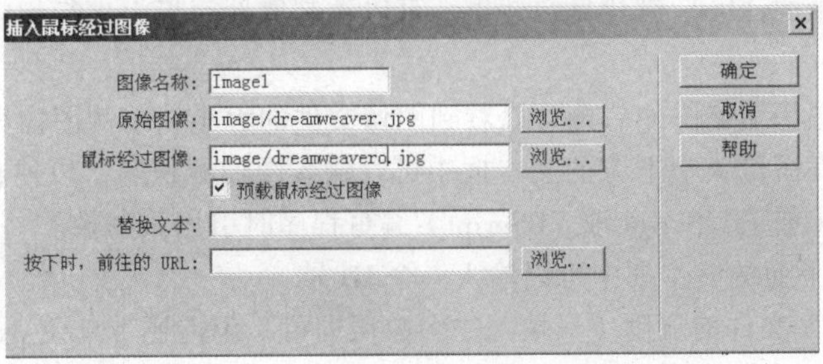

图 3-12　"插入鼠标经过图像"对话框

其中，"原始图像"和"鼠标经过图像"文本框中分别填入两幅图像的文件名就可以了。执行这一操作后，浏览网页是显示的是原始图像，当鼠标经过原始图像时，它就变成了鼠标经过图像。

3.2.4　插入 Flash 动画或视频

Flash 是一个非常优秀的矢量动画制作软件，它以流式控制技术和矢量技术为核心，制作的动画具有短小精悍的特点，所以被广泛应用于网页动画的设计中。

Flash 通常有三种文件格式：Flash 文件（.fla 格式）、Flash 影片文件（.swf 格式）和 Flash 视频文件（.flv 格式）。其中，Flash 文件是在 Flash 中创建的文件的源文件格式，不能直接在 Dreamweaver 中打开使用；Flash 影片文件是由 Flash 文件输出的影片文件，可在浏览器或 Dreamweaver 中打开使用；Flash 视频文件是一种包含经过编码的音频和视频数据，可通过 Flash Player 传送。

1．插入 Flash 动画

在"插入"菜单中"媒体"子菜单中，"SWF"用于插入，"FLV"用于插入 Flash 视频。例如，我们制作了一个 Flash 动画保存在 Flash 影片文件 f1.swf 中，则执行"插入"→"媒体"→"SWF"菜单命令，如图 3-13 所示。

Flash 影片插入到网页中后。在文档窗口中显示的是 Flash 占位符，要显示动画，必须保存页面并进行预览。文档窗口显示如图 3-14 所示。

图 3-13　插入 Flash 动画

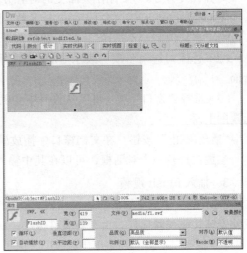

图 3-14　插入 Flash 动画

2．Flash 动画参数设置

对于插入网页中的 Flash 影片显示效果，可以在其属性面板中进行相应的参数设置。可以设置的参数如下：

图像大小：在图像缩略图的右侧可以看到图像文件的大小，本例图像大小为 1KB。

图像标识名：在图像大小下方的文本框中可以输入图像标识名，以便在使用 Dreamweaver 行为或用脚本语言（如 JavaScript 或 VBScript）编写程序时引用该图像。

SWF：在 SWF 下面的文本框中可以输入一个 ID 号。

宽：指定该 SWF 文件的宽度（只填入一个数值即可，不需要带单位 px）

高：指定该 SWF 文件的高度。

文件：指定 SWF 文件的路径。单击文件夹图标来查找文件，或者直接输入路径。

背景颜色：指定 SWF 文件的背景颜色。

"编辑"按钮：启动 Flash 更新 FLA 文件。如果计算机上没有安装 Flash，则会禁用此选项。

类：可以对 SWF 文件使用 CSS 类。

循环：连续播放 SWF 文件。如果没有选择此项，则只播放一次，然后停止。

自动播放：加载页面时自动播放 SWF 文件。

垂直边距：指定 SWF 文件上、下空白的像素数。

水平边距：指定 SWF 文件左、右空白的像素数。

品质：设置"品质"参数。

（1）高品质设置首先会照顾到 SWF 文件的显示效果，然后才考虑显示速度。因此，高品质设置使 SWF 文件看起来比较好看些，但是需要较快的 CPU 才能在屏幕上正确显示出来。

（2）低品质设置首先会照顾到 SWF 文件的显示速度，然后才考虑显示效果。

（3）自动低品质首先会照顾到 SWF 文件的显示速度，然后会在可能的情况下改善显示效果。

（4）自动高品质开始时会同时照顾 SWF 文件的显示速度和效果，但是以后可能会根据需要牺牲效果以确保速度。

比例：确定 SWF 文件如何适合在宽度和高度文本框中设置的尺寸。"默认"设置为显示整个 SWF 文件。

对齐：设置 SWF 文件在页面上的对齐方式。

Wmode：设置 SWF 文件的 Wmode 参数，以避免与 DHTML 元素（例如 Spry Widget）相冲突。

（1）默认值是"不透明"：表示在浏览器中，DHTML 元素可以显示在 SWF 文件的上面。

（2）选择"透明"项：表示 SWF 文件可以包括透明度，DHTML 元素显示在 SWF 文件的后面。

（3）选择"窗口"项：可以从代码中删除 Wmode 参数并允许 SWF 文件显示在其他 DHTML 元素的上面。

"播放/停止"按钮：在文档窗口中播放/停止播放 Flash 影片。

参数：打开一个对话框，可以在其中输入传递给影片的附加参数。

3．插入 Flash 视频

FLV 是一种全新的流媒体视频格式，它利用网页上广泛使用的 Flash Player 播放，无需再额外安装其他视频插件，由于其文件极小，加载速度快，非常适合网上视频传播。

在"插入"–"媒体"菜单中，"FLV"用于插入 Flash 视频。执行"插入"→"媒体"→"FLV"

菜单命令后，显示"FLV 插入"对话框，如图 3-15 所示。

在该对话框中，可选择视频类型、视频文件，设置视频播放外观等。其中视频类型有两种，一种是"累进式下载视频"，另一种是"流视频"。

"累进式下载视频"将 Flash 视频（FLV）文件下载到站点访问者的硬盘上，然后播放。但是，与传统的"下载并播放"视频传送方法不同，累进式下载允许在下载完成之前就开始播放视频文件。流视频将 Flash 视频内容进行流处理并立即在 Web 页面中播放。若要在 Web 页面中启用流视频，您必须具有对 Macromedia Flash Communication Server 的访问权限，这是唯一可对 Flash 视频内容进行流处理的服务器。

图 3-16 是在页面中插入 FLV 视频文件 f2.flv 后的文档窗口显示。

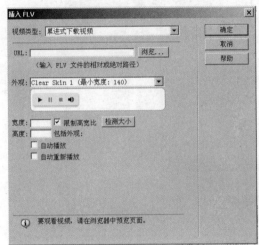

图 3-15　插入 FLV 对话框

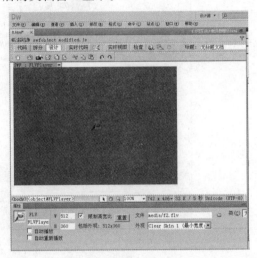

图 3-16　插入 FLV 视频

Flash 视频插入到网页中后。在文档窗口中显示的是占位符，保存页面并进行预览，可看到视频的效果。

3.3　超　链　接

我们浏览网页时，只要单击页面中感兴趣的文字或图片，就可以显示与之相关的内容，这就是超链接（Hyperlink）。超链接是 Internet 的灵魂，在网站中起凝聚的作用，它可以把 Internet 上众多的网站和网页联系起来，构成一个有机的整体。没有超链接，网页之间就失去了联系，也就不能称其为"网"了，所以，超链接是网页中最重要、最基本的元素之一。

超链接既可以在文字上制作，也可以在图片上制作。甚至还可以在一个图片上制作多个不同的超链接，也就是图像地图。

3.3.1　文本的超链接

超链接的目标可以是指定的网页，也可以是网页上的指定位置，还可以是图片、电子邮件地址、文件，甚至可以是应用程序。如果网页链接指向的是一个在浏览器中不可显示的文件，那么此网页就执行下载此文件的功能。

【例 3-1】制作超链接，将图 3-11 所示网页（7.html）中的"1.Dreamweaver"链接到"Dreamweaver

简介.html"，步骤如下：

① 选中文字"1.Dreamweaver"。

② 在属性面板的"链接"下拉列表框中输入要链接的网页文件名"Dreamweaver 简介.html"，或拖动"链接"框后的指向"文件"图标，使之指向"Dreamweaver 简介.html"，或单击浏览文件按钮 ，然后选择要链接的文件。创建文本链接如图 3-17 所示。

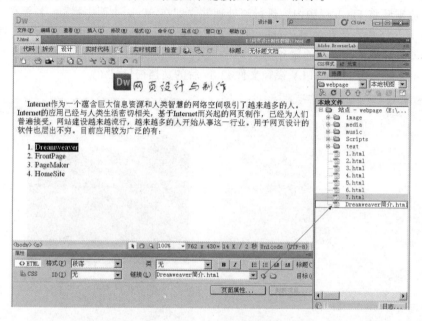

图 3-17 创建文本链接

在"链接"下拉列表框中输入要链接的网页时，如链接的是本网站以外的网页，就需提链接目标文档的完整 URL，即绝对路径。如链接到网易首页，可输入 http://www.163.com；如链接的是本网站内部的网页，则只需给出链接目标相对于本文档的路径，即可省略掉与当前文档 URL 相同的部分，也就是相对路径。

在"目标"框中可以选择输入链接目标被打开的位置。有 _blank、_parent、_self、_top 等可选项，其意义见 2.2.5 节。

3.3.2 锚点链接

利用超链接的功能，不仅可以将链接目标指定到任意一个网页，当一个网页内容很多时，还可以将链接目标指定到一个网页中的特定位置，这就是锚点链接。

如果想将某个对象链接到一个网页内的指定位置，那么必须先在目的地建立"命名锚记"，然后再建立指向该锚记的链接。

1. 建立命名锚记

执行"插入"→"命名锚记"菜单命令，打开"命名锚记"对话框。在"锚记名称"文本框中输入锚记的名称，定义锚记名称后，单击"确定"按钮，如图 3-18 所示。

图 3-18 插入命名锚记

2. 链接锚记

创建锚记后，还必须链接锚记。链接锚记最简单的方法是：先选择要链接到锚记的文字或图片，拖动属性面板中的"指向文件"按钮指向已创建的锚记，如图 3-19 所示。

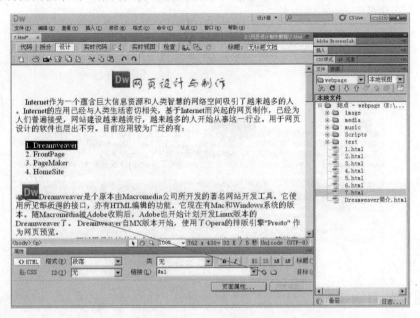

图 3-19 创建锚记链接

本图所示是先在 Dreamweaver 图标和内容介绍之前插入一个命名锚记"m1"，然后选择要制作链接的文字"1.Dreamweaver"，最后将链接文本框后的指向文件图标拖到命名锚记上。

在制作锚记链接时，如果知道要链接的锚记名称，也可以直接在链接框中输入一个"#"后跟锚记的名称，如图 3-19 中的"#m1"。

3.3.3 空链接

空链接就是未指定链接目标的链接，一般用于为页面上的对象附加行为（如可以为空链接附加一个行为，以便在鼠标滑过该链接时弹出窗口，显示更详细的说明信息。网页行为在第 6 章介绍）。

创建空链接的方法是，选定链接对象后，在属性面板的"链接"文本框中输入一个"#"号。

3.3.4 电子邮件链接

电子邮件链接用于将网页中的对象链接到电子邮箱，制作方法是，选择链接对象，执行"插入"→"电子邮件链接(L)"菜单命令，并在弹出的电子邮件链接对话框中的"电子邮件"文本框中输入收件人的电子邮件地址。

如在网页中选中"Micromedia"，在电子邮件框中输入"Micromedia@21cn.com"，确定后，结果如图 3-20 所示，在属性面板的链接框中出现了连接地址 mailto:Micromedia@21cn.com，表明这是一个电子邮件链接。

浏览网页时单击电子邮件链接，就会自动启动电子邮件发送程序，并将链接目标自动列在收件人栏中。

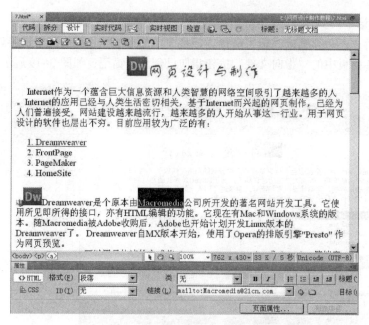

图 3-20　插入电子邮件链接

3.3.5　图片的超链接

超链接的对象可以是文本，也可以是图片。图片链接可以是整个图片作为链接对象，也可以将图片的一部分作为链接对象。

1. 整张图片的链接

创建图片的超链接同样可以通过属性面板上的"链接"文本框来完成，即先选中图片，然后在属性面板的"链接"文本框中输入链接目标，或拖动该文本框右侧的"指向文件"按钮指向链接目标文档，或单击"浏览文件"按钮选择链接目标。效果如图 3-21 所示。

图 3-21　创建图片链接

2．图像地图

除了可以为整个图片创建超链接外，还可以为图片的一部分添加超链接，这样一张图片上就可以分布多个链接点，这种链接点叫做"热点"，建立了热点的图片称之为图像地图。

建立热点的方法是：先选中图片，再用属性面板左下角的热点工具在图片上画出热点范围，松开鼠标后会自动弹出一个对话框，以供选择链接目标。

热点工具有矩形、椭圆和多边形三种，它们的用法是：

矩形热点工具：选择矩形热点工具，在图片范围内拖动鼠标以形成一个矩形区域。

椭圆形热点工具：选择椭圆形热点工具，在图片范围内拖动鼠标以形成一个椭圆形区域。

多边形热点工具：选择多边形热点工具，在图片范围内依次（顺时针或逆时针）单击多边形各个顶点，形成一个封闭的多边形。

【例 3-2】制作一个广东省气象信息查询的网页，要求单击某一个地名，即可出现该地的天气预报页面，步骤如下：

① 先制作好各地天气预报页面，如"guangzhou.html"、"shenzhen.html"……

② 在主页中添加地图，并选中该图片。

③ 用矩形热点工具在广州市的位置拖出一个矩形区域。

④ 拖动链接框后面的指向文件按钮，指向"guangzhou.html"，如图 3-22 所示。

⑤ 用类似第③、④步的方法，制作深圳、珠海等地的热点链接。

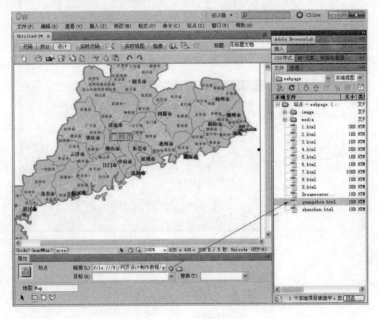

图 3-22　制作热点

3.3.6　文件下载链接

当网站需要提供资源下载服务时，就可以使用文件下载链接。下载链接的创建方法和一般链接相同，只不过链接的对象不是一个网页，而是一个其他类型的文件，如 RAR 或 ZIP 类型的压缩文件、Word 文档、EXE 可执行文件等。

例如，建立如图 3-23 所示的 Word 文档下载链接，浏览网页时，单击链接出现如图 3-24 所示的对话框，用户就可以下载和保存该 Word 文档。

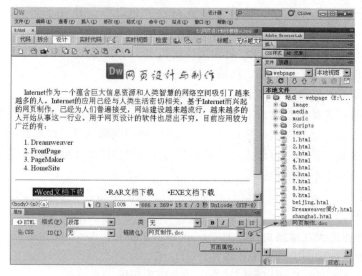

图 3-23   创建 Word 文档下载链接

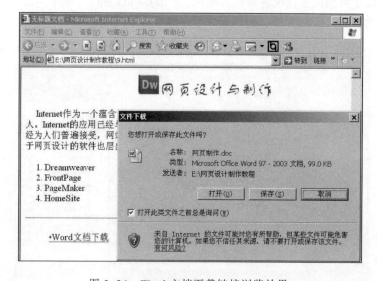

图 3-24   Word 文档下载链接浏览效果

3.4   声   音

在网页中适当嵌入音频和视频能够充分显示网页的多媒体特性，增强网页的吸引力，随着宽带网的普及，使得网络广播和网络视频成为现实，网页音频和视频的重要性也日益突显。

3.4.1   音乐文件

现在的网页浏览器支持一些不同类型的声音文件格式，将这些不同格式的声音文件添加到 Web 页面中的方法也各异。在决定添加的声音格式和方式前，有必要对声音文件有所了解。

1．电子乐器音乐

.midi 或.mid（电子乐器化数据接口）格式主要用于电子乐器音乐。很多浏览器不用插件也可以支持 MIDI 文件。虽然其声音品质非常好，但同时也取决于来访者声卡的好坏。一个非常小的 MIDI 文件却可以提供相当长的声音剪辑。MIDI 文件不能录制，而必须在计算机上使用特殊的硬件和软件进行人工合成。

2．WAV 文件音乐

.wav（波形扩展）格式文件也有非常好的声音品质，很多浏览器不用插件也可以支持 WAV 文件。用户可以从 CD、磁带或麦克风等输入设备录制 WAV 文件。然而其庞大的文件尺寸限制了用户在 Web 页面上使用声音剪辑的长度。

3．AIF 文件音乐

.aif（声音交换文件格式，或 AIF）格式，和 WAV 格式一样它也有非常好的声音品质，很多浏览器不用插件也可以支持 AIF 文件。用户也可以从 CD、磁带或麦克风等输入设备录制 AIF 文件。然而其庞大的文件尺寸限制了用户在 Web 页面上使用声音剪辑的长度。

4．MP3 文件音乐

.mp3（电影专家组声音，或者 MPEG-Audio Layer-3）格式是一种使声音文件大小有实质性缩小的压缩格式，其声音品质非常好。如果正确地录制和压缩 MP3 文件，其声音品质可以和 CD 媲美。新技术让用户可以将文件"流式化"，这样来访者就无须等待下载整个文件便可以听到音乐。MP3 文件比 Real 声音文件要大，如果要通过普通电话线连接传输一首完整的歌曲可能要等上一段时间。要播放 MP3 文件，来访者必须下载并安装一个辅助应用程序或插件，如 QuickTime、Windows Media Player 或 RealPlayer。

5．RAM 文件音乐

.ra、.ram、.rpm 或 Real Audio 格式的音乐有非常高的压缩比，所以比 MP3 文件还要小。完整的歌曲文件可以在较短的时间内完成下载。由于该类文件可以从一个普通的 Web 服务器上"流式"播放，所以来访者可以在文件还没完全下载之前便可以欣赏音乐。这类文件音质不如 MP3 文件，但最新版本的播放器和解码器已经极大地提高了声音品质。来访者必须下载并安装 RealPlayer 应用程序或辅助插件来播放这些文件。

3.4.2　声音链接

声音链接是将声音添加到 Web 页面的一种简单而有效的方式。这种结合声音文件的方式可以让来访者选择他们感兴趣的文件，从而使该文件的加入方式有着最广泛的受众（一些浏览器可能不支持嵌入的声音文件）。

要创建声音链接，首先应选取用户需要用于的链接的文本或图像，然后在文本或图像属性面板上的"链接"文本框中直接输入声音文件的名称。

也可以在文本或图像的属性面板中单击"链接"文本框后的文件夹图标选取声音文件，或拖动指向文件图标指向声音文件。如图 3-25 是将 1.Dreamweaver 链接到声音文件 001.mid。

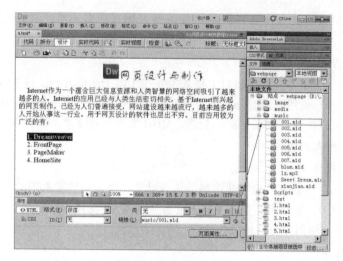

图 3-25　声音链接

当对文本或图像添加了指向声音文件的链接后，页面中不会有任何的变化。如果用户需要测试添加指向声音文件的链接，必须通过预览。

3.4.3　页面嵌入声音

如果需要对声音进行更多的控制（如需要设置音量、播放器外观或声音的始末点等）时，用户可以使用页面嵌入声音。嵌入声音是将声音播放器直接结合到页面中，但声音只有在用户的操作系统中装有可以播放选定声音文件的插件时才可以播放。

嵌入声音的具体操作是：执行"插入"→"媒体"→"插件"菜单命令，然后在出现的选择声音文件对话框中选定相应的文件。

【例 3-3】在网页中嵌入声音。

操作步骤如下：

① 将插入点置在页面预定位置。

② 执行"插入"→"媒体"→"插件"菜单命令，并在弹出的文件对话框中选择声音文件001.mid，此时页面显示嵌入音乐图标，如图 3-26 所示。

③ 调整播放器大小，保存并浏览网页，效果如图 3-27 所示。

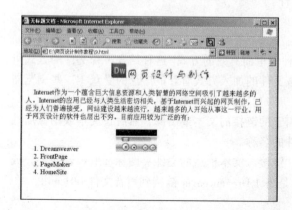

图 3-26　嵌入音乐图标

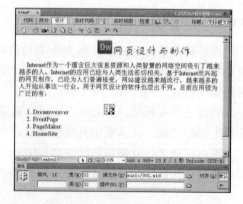

图 3-27　背景音乐播放控制器

3.4.4　用 HTML 代码加入声音

如果需要将声音作为背景音乐或者不希望出现播放器图标，可以在代码视图中直接加入代码。加入背景声音的 HTML 标签为：

```
<bgsound src=URL autostart=true/false loop=n>
```

其中 src 属性指定播放的音乐文件路径，autostart 设定是否自动播放，loop 设定重复播放次数（–1 表示无限循环播放）。

如在代码中加入：

```
<bgsound src="media/001.mid" loop="-1">
```

其中 loop="–1"表示连续循环播放，如给定 loop 一个大于零的值，则表示播放的次数。

3.5　表　　格

表格也是网页中广泛使用的一种工具，它既可以有序排列数据，还可以精确地定位文本、图像、动画或其他网页元素。网页设计者对表格应用的熟练程度，会直接影响网页设计作品的外观。

3.5.1　创建表格

表格常用于列表显示文本、图像、动画等，通过设置表格和单元格的属性，可以对这些元素进行定位，灵活地使用表格的背景、边线等，可以得到更加美观的效果。

1．在页面中加入表格

在设计视图中执行"插入"→"表格"菜单命令，打开"表格"对话框，如图 3-28 所示。对话框中各项的意义如下：

- 行、列数：指定表格的行、列数。
- 表格宽度：指定表格的宽度，可以选择以像素为单位的固定宽度，也可以选择浏览器窗口宽度的百分比作为表格宽度，后一种选择使表格具有适应屏幕分辨率的变化的功能。
- 边框粗细：指定表格边框的宽度，以像素为单位。
- 单元格边框：确定单元格边框与单元格内容之间的间隔，以像素为单位。
- 单元格间距：确定相邻单元格之间的间隔，以像素为单位。
- 标题–无（标题行/列）：对表格不起用标题行或标题列。
- 标题–左：将表格左边第一列作为标题列。
- 标题–顶部：将表格顶部第一行列作为标题行。
- 标题–两者：将表格顶部第一行列作为标题行，左边第一列作为标题列。
- 标题：提供一个显示在表格外的标题。
- 摘要：给出表格的说明，屏幕阅读器可以读取摘要文本，但是该文本不会在用户浏览器中显示。

设置对话框时，如果没有明确指定边框粗细、单元格边距和单元格间距，则大多数浏览器按边框粗细和单元格边距设置为 1、单元格间距设置为 2 来显示表格，若要确保浏览器显示时不显示边距或间距，要将单元格边距和单元格间距设置为 0。设置好后单击"确定"按钮即可生成表格。

　　如图 3-29 是一个加入了内容的 2 行 5 列、边框为 2 个像素的表格，并选中第一行，在属性面板中将其设为标题行。

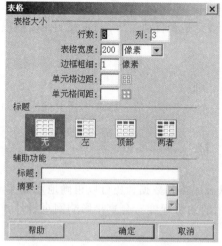

图 3-28　创建表格对话框　　　　　　　　图 3-29　加入了内容的表格

　　从中可以看出，第一行文字较粗并且居中，这是因为我们设置第一行为标题行。从网页的 HTML 代码中也可以看到，表格第一行对应的代码与第二行不同。下面是图 3-29 的表格对应的 HTML 代码（行号是为了解释方便而加入的）：

```
1    <table width="440" height="110" border="2">
2      <caption><font size="5">数码产品</font></caption>
3      <tr>
4       <th width="80">摄像机</th>
5       <th width="80">打印机</th>
6       <th width="80">电脑</th>
7       <th width="80">手机</th>
8       <th width="100">数码相机</th>
9      </tr>
10     <tr>
11      <td align="center"><img src="image/cp1.jpg"/></td>
12      <td align="center"><img src="image/cp2.jpg"/></td>
13      <td align="center"><img src="image/cp3.jpg"/></td>
14      <td align="center"><img src="image/cp4.jpg"/></td>
15      <td align="center"><img src="image/cp5.jpg"/></td>
16     </tr>
17   </table>
```

　　一个表格的 HTML 代码是以<table>开始，以</table>结束的，<table>就是表格标记。表格的标题用<caption>标记（第 2 行），即<caption>和</caption>之间是表格的标题；表格的行用<tr>标记，一组<tr>和</tr>之间是一行，我们建立的表格有两行，所以有两组<tr>和</tr>（第 3-9、10-16 行）；表格的单元格用<td>或<th>标记，标题行所在的单元格用<th>标记，其他行的单元格用<td>标记，一组<td>和</td>（或<th>和</th>）之间是一个单元格，我们建立的表格中，每行有五个单元格，所以每组<tr>和</tr>之间有五组<td>和</td>（或<th>和</th>）。

代码中 4-8 行定义的是表格第一行的单元格，使用的标记是\<th\>和\</th\>（定义表头行中的单元格），而不是\<td\>和\</td\>（定义一般行中的单元格）。

2. 导入表格式数据文件

Dreamweaver 中还有一种建立表格的方法，就是通过导入表格式数据文件（文本文件）来建立表格，方法是：执行"文件"→"导入"→"表格式数据"或执行"插入"→"表格对象"→"导入表格式数据"菜单命令，打开如图 3-30 所示的"导入表格式数据"对话框，在该对话框中进行相应设置后单击"确定"按钮即可。

图 3-30 "导入表格式数据"对话框

图中各参数意义如下：

- 数据文件：要导入的文件名称。
- 定界符：要导入的文件中数据项之间使用的分隔符。
- 表格宽度：如果选择"匹配内容"，会使每个列足够宽以适应该列中最长的文本。如果选择"设置为："，会以像素为单位指定固定的表格宽度，或按照浏览器窗口宽度的百分比指定表格宽度。
- 格式化首行：确定应用于表格首行的格式设置。
- 单元格边距/单元格间距/边框：如前所述。

参数设置好后，单击"确定"按钮将数据导入网页中，图 3-31 所示为导入一个学生成绩表（数据文件为"成绩表.txt"，首行为粗体，边框为 2）的结果。

也可以将表格数据从 Dreamweaver 导出到文本文件中，选择要导出的表格，执行"文件"→"导出"→"表格"菜单命令即可完成所需的操作。导出表格时，将导出整个表格，不能选择导出表格的一部分。

3.5.2 表格的基本操作

在创建表格之后，可以对表格的外观和结构进行进一步的编辑操作，包括添加或删除行列、调整结构与外观、表格属性设置、表格数据排序等。

1. 选择表格、行及列

无论对表格进行何种操作，都必须要先选择表格，确定要对哪个表格进行操作。对单元格进行操作也是如此，必须先选择单元格。

选择整个表格，可用下列四种操作之一：

① 单击表格的左上角、表格的顶边缘或底边缘，或者行、列的边框。

② 单击某个单元格，然后在文档编辑窗口左下角的标签选择器中选择<table>标签。

③ 单击某个单元格，然后执行"修改"→"表格"→"选择表格"菜单命令。

④ 在表格上右击，从弹出的快捷菜单中选择"表格"→"选择表格"菜单命令。

选择表格后，其边缘会出现选择柄，如图 3-31 所示。

如要选择行或列，则应先将鼠标指向行的左边缘或列的上边缘，当鼠标指针变为选择箭头时，单击以选择单个行或列，或拖动以选择多个行或列。

选择单个列也可以使用列标题菜单进行，如图 3-32 所示。

图 3-31　导入文本文件内容　　　　　　　　　图 3-32　列标题菜单

2．表格的属性设置

选中表格后，属性面板中显示表格属性，如选中图 3-32 的表格后，属性面板如图 3-33 所示。

图 3-33　表格属性

通过属性面板可以对表格进行多种设置，其中各项意义如下：

● 表格：设置表格的 ID 值，可以直接在文本框中输入。

● 行/列：设置表格中行/列的数量。

● 宽/高：指定表格的宽度和高度，可以选择以像素或浏览器窗口宽度的百分比作为单位，通常不需要设置表格高度。

● 边框：指定表格边框的宽度，以像素为单位。

● 填充：设置单元格内容与单元格边框之间的像素的宽度，以像素为单位。

● 间距：相邻单元格之间的距离，以像素为单位。

● 对齐：确定表格相对于同一段落中的其他元素（如文本和图像）的显示位置，共有 4 种。

　➤ 左对齐：表格在其他元素左边，同一段落的文字、图片等在表格的右边显示，如图 3-34 所示。

　➤ 右对齐：表格在其他元素右边，同一段落的文字、图片等在表格的左边显示。

　➤ 居中对齐：表格与同一段落的其他元素上下排列，并将表格居中。

> 默认：表格与同一段落的其他元素不在一行，均从左边起誓始位置开始显示。

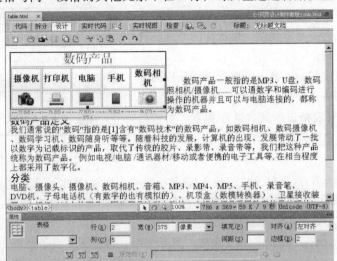

图 3-34　表格左对齐

除了可以设置整个表格的属性外，也可以单独设置某一行/列或单元格的属性。选中表格的一行后属性面板如图 3-35 所示。

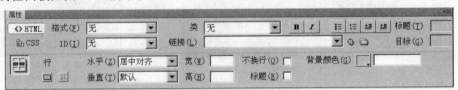

图 3-35　表格行属性

面板中各属性参数的意义如下：

- 表格行的格式、样式、对齐方式等格式设置与字体格式相同。
- 水平：指定单元格、行或列内容的水平对齐方式。可以将内容对齐到单元格的左侧、右侧或居中，也可以指示浏览器使用其默认的对齐方式（常规单元格左对齐，标题单元格居中对齐）。
- 垂直：指定单元格、行或列内容的垂直对齐方式。可以将内容对齐到单元格的顶端、中间、底部或基线，也可以指示浏览器使用其默认的对齐方式（通常是居中对齐）。
- 宽/高：所选单元格的宽度/高度，以像素为单位或按整个表格宽度/高度的百分比指定。若要让浏览器根据单元格的内容以及其他列/行的宽度/高度确定适当的宽度/高度，要将此域留空（默认设置）。默认情况下，浏览器选择行高/列宽的依据是能够在该列中容纳最宽的图像或最长的行。这就是为什么当将内容添加到某个列时，该列有时变得比其他列宽得多的原因。
- 不换行：防止换行，从而使给定单元格的所有文本都在一行上。如果启用了"不换行"，则当输入数据或将数据粘贴到单元格时，单元格会加宽来容纳所有数据。
- 标题：将所选单元格格式设置为标题单元格。默认情况下，标题单元格的内容为粗体并且居中。

- 背景颜色：单元格、行或列的背景颜色。
- 合并单元格按钮：将所选择的多个单元格、行或列合并为一个单元格。所选择的部分必须形成矩形区域。
- 拆分单元格按钮：将一个单元格拆分成两个或多个单元格，一次只能拆分一个单元格。

图 3-36 是设置表格边框设为 4 个像素、第一行背景颜色设为浅绿色的效果。

图 3-36　表格属性设置效果

3．修改表格

修改表格包括合并/拆分单元格、插入/删除行或列、增加/减少行或列宽、清除单元格的宽度/高度、转换表格宽度/高度单位为像素或百分比等。修改表格方法有两种：一种是使用"修改"菜单下的命令，一种是利用属性面板。

① 选择表格，执行"修改"→"表格"菜单命令，弹出下一级子菜单，如图 3-37 所示。

图 3-37　修改表格菜单

从上述"修改表格"菜单中可以看到，有关行/列操作菜单项均处于无效状态。如先选择行或列，再执行"修改"→"表格"菜单命令，则弹出的子菜单中有关行或列操作的菜单项可以执行。

② 直接利用表格、行或列的属性面板进行修改操作，在此不再赘述。

4．调整表格的大小

表格大小或某个行、列的高度或宽度，都可以通过拖动鼠标的方法进行大致的调整。即将鼠标移至表格或单元格的边框上，当指针变为双向箭头时，拖动鼠标至适当的位置。

当调整整个表格的大小时，表格中的所有单元格按比例更改大小。如果表格的单元格指定了明确的宽度和高度，则调整表格大小将更改文档窗口中单元格的可视大小，但不更改这些单元格的指定宽度和高度值。

如果要精确调整表格或行、列的高度或宽度，则应通过表格或单元格的属性面板。即选中表格或行、列后，直接在属性面板中更改相应的数值。或直接在代码视图中进行修改。如下面的表格代码中，4~8 行中的"width=xx"均表示单元格的宽度。

```
1  <table width="375" height="116" border="4" align="left">
2   <caption><font size="5">数码产品</font></caption>
3   <tr bgcolor="#99CC00">
4    <th width="77" height="50">摄像机</th>
5    <th width="76">打印机</th>
6    <th width="77">电脑</th>
7    <th width="76">手机</th>
8    <th width="86">数码相机</th>
9   </tr>
10  ...
11 </table>
```

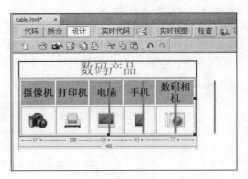

图 3-38　按【Shift】键并拖动列边

调整列的宽度，拖动想更改的列的右边框，相邻的列宽也更改了。若要在更改一列时保持相邻列宽不变，可按下【Shift】键，并同时拖动列边即可，拖动时可以看到拖动列及其相邻列边框的位置变动情况，如图 3-38 所示。

3.5.3　表格数据的排序

Dreamweaver 可以对表格中的数据进行排序，可以按单个列排，也可以按两个列排序。但要注意，如果表格中包含合并单元格，则不能对该表进行排序。

选择要排序的表格，或单击表中任一单元格，执行"命令"→"排序表格"菜单命令，弹出"排序表格"对话框，如图 3-39 所示。

选择排序列，确定排序方式后，Dreamweaver 自动对表格进行排序。图 3-31 中表格按第 6 列的"升序"进行排序后，结果如图 3-40 所示。

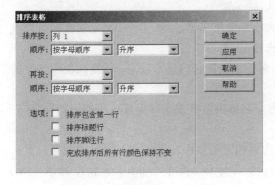

图 3-39　"排序表格"对话框

图 3-40　排序后的表格效果

3.6 AP 元 素

AP元素是一种可以放置于页面上任意位置的容器,在Dreamweaver以前的版本中称为"层"。这种容器中可以放置文本、图像、表格等任何可以在页面中插入的成分。AP元素最主要的特性就是它是浮动在网页内容之上的,也就是说,可以在网页上任意改变其位置,实现对 AP 元素的准确定位。

有了 AP 元素,就可以实现对文档内容的精确定位,也可以不受任何约束地进行网页布局。除此以外, AP 元素还有一些其他的重要特性。例如, AP 元素可以重叠,因此可以在网页中实现文档内容的重叠效果;AP 元素可以被显示或隐藏,用户能够利用程序在网页中控制 AP 元素的显示或隐藏,实现 AP 元素内容的动态交替显示,实现一些特殊的显示效果。

3.6.1 创建 AP 元素

将光标置于文档窗口中要插入 AP 元素的位置,执行"插入"→"布局对象"→"AP元素"菜单命令,在插入点的位置插入一个预设大小的 AP 元素,同时在浮动面板的插入面板组显示 AP 元素面板。界面如图 3-41 所示。

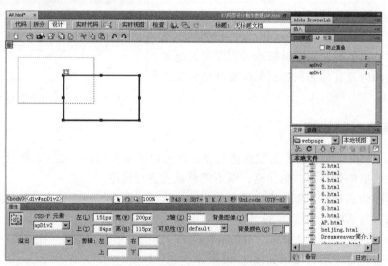

图 3-41 插入 AP 元素

所插入的 AP 元素是按照首选参数中设定的大小和效果来显示的,多个 AP 元素之间可以重叠（除非在 AP 元素面板中选中"防止重叠"复选框）,也可以嵌套。

在插入 AP 元素之后,可以通过 AP 元素属性面板来设置它的显示效果。属性面板中参数的意义如下:

（1）CSS-P 元素:为选中的 AP 元素设置名称。名称由数字或字母组成,不能用特殊字符。每个 AP 元素的名称是唯一的。

（2）左、上:分别设置 AP 元素左边界和上边界相对于页面左边界和上边界的距离,默认单位为像素（px）。也可以指定单位为 pc（pica）、pt（点）、in（英寸）、mm（毫米）、厘米（cm）或%（百分比）。

（3）宽、高:分别设置 AP 元素高度和宽度,单位设置同"左"、"上"属性。

（4）Z 轴：设置 AP 元素的堆叠次序，该值越大，则表示其在越前端显示。

（5）可见性：设置 AP 元素的显示状态。"可见性"右侧下拉列表框中包括四个可选项：

- default，选中该项，则不明确指定其可见性属性，在大多数浏览器中，该 AP 元素会继承其父级 AP 元素的可见性。
- inherit，选择该项，则继承其父级 AP 元素的可见性。
- visible，选择该项，则显示 AP 元素及其中内容，而不管其父级 AP 元素是否可见。
- hidden，选择该项，则隐藏 AP 元素及其中内容，而不管其父级 AP 元素是否可见。

（6）背景图像：设置 AP 元素元素的背景图像。可以通过单击"文件夹"按钮选择本地文件，也可以在文本框中直接输入背景图像文件的路径确定其位置。

（7）背景颜色：设置 AP 元素的背景颜色，值为空表示背景为透明。

（8）类：可以将 CSS 样式表应用于 AP 元素。

（9）溢出：设置 AP 元素中的内容超过其大小时的处理方法。"溢出"右侧下拉列表框中包括四个可选项：

- visible，选择该项，当 AP 元素中内容超过其大小时，AP 元素会自动向右或者向下扩展。
- hidden，选择该项，当 AP 元素中内容超过其大小时，AP 元素的大小不变，也不会出现滚动条，超出 AP 元素内容不被显示。
- scroll，选择该项，无论 AP 元素中的内容是否超出 AP 元素的大小，AP 元素右端和下端都会显示滚动条。
- auto，选择该项，当 AP 元素内容超过其大小时，AP 元素保持不变，在 AP 元素右端和下端都出现滚动条，以使其中的内容能通过拖动滚动条显示。

（10）剪辑：设置 AP 元素可见区域大小。在"上"、"下"、"左"、"右"文本框中，可以指定 AP 元素可见区域上、下、左、右端相对于 AP 元素边界距离。AP 元素经过剪辑后，只有指定的矩形区域才是可见的。

3.6.2　AP 元素面板

AP 元素面板可以用来管理和操作 AP 元素，如选择 AP 元素、设置 AP 元素的可见性等。在 AP 元素面板中，AP 元素按"Z 轴"值大小顺序排列，Z 轴的值越大，越显示在前面；被嵌套的 AP 元素显示为连接到父级 AP 元素的名称，单击 AP 元素标识旁的三角形符号可以显示/隐藏被嵌套的 AP 元素。AP 元素面板如图 3-42 所示。

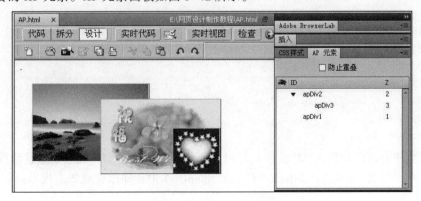

图 3-42　AP 元素面板

图中 apDiv1 中放置的是大海图片，由于其 Z 轴值为 1，所以当图片有重叠时，它显示在后面；apDiv2 中放置的是花的图片，apDiv3 中放置的是心形图片，其 Z 轴值为 3，所以当图片有重叠时，它显示在最前面，同时由于它是隶属于 apDiv2 的，所以在拖动 apDiv2 时，它将随之移动。

使用 AP 元素面板可以设置/防止重叠、改变 AP 元素的可见性、设置 AP 元素的嵌套/层叠以及选择一个或多个 AP 元素。

3.6.3　AP 元素的嵌套

所谓嵌套 AP 元素，是指在一个 AP 元素中创建子 AP 元素。使用嵌套 AP 元素的好处是能确保子 AP 元素永远定位于父 AP 元素上方，在选中父 AP 元素后，子 AP 元素也会被选中；在移动或复制父 AP 元素时，子 AP 元素也会随之被移动或复制。嵌套通常用于将多个 AP 元素组织在一起。

创建嵌套 AP 元素通常有两种方法：

（1）先创建一个 AP 元素（父元素），然后在其中创建另一个 AP 元素（子元素），如图 3-43 所示。

图 3-43　嵌套 AP 元素

（2）直接用 HTML 代码将一个 AP 元素变为另一个 AP 元素的子元素。例如，网页中有如下 HTML 代码：

```
1  <body>
2  <div id="apDiv1">
3  <img src="image/zhuf.jpg" width="320" height="266" />
4  </div>
5  <div id="apDiv2">
6  <img src="image/xin.jpg" width="130" height="100" />
7  </div>
8  </body>
```

表明网页中有两个并列的 AP 元素 apDiv1 和 apDiv2，这两个 AP 元素在做移动或改变大小等操作时，互不影响。如果将 apDiv2 的代码放到 apDiv1 中，即改变成如下代码：

```
1  <body>
2  <div id="apDiv1">
```

```
3  <img src="image/zhuf.jpg" width="320" height="266" />
4  <div id="apDiv2">
5  <img src="image/xin.jpg" width="130" height="100" />
6  </div>
7  </div>
8  </body>
```

则 apDiv2 变成了 apDiv1 的子元素，此时 apDiv1 的操作就会同时影响 apDiv2。

3.6.4　AP 元素的堆叠顺序

AP 元素面板中列表在上部的 AP 元素将位于层叠顺序的前端，即 AP 元素的"Z 轴"值（代表层叠顺序）决定 AP 元素在浏览器中的绘制顺序。通过 AP 元素属性面板或者 AP 元素面板可以改变 Z 轴的值。操作方法是：选中一个 AP 元素，双击该元素的 Z 列，输入一个新的 Z 轴值。如将图 3-42 中的 apDiv1 的 Z 轴值改为 5，则它会被自动排列到最上面，如图 3-44 所示。

图 3-44　更改 Z 轴改变 AP 元素的层叠顺序

3.6.5　显示/隐藏 AP 元素

在处理文档时，可以使用 AP 元素面板来显示/隐藏 AP 元素。在 AP 元素名称左侧的眼睛栏中的眼形图标（开关图标）的状态指明了该 AP 元素的可见性，闭着的眼形图标表明该 AP 元素被隐藏；否则，表示该 AP 元素可见。如果没有眼形图标，该 AP 元素通常继承父级的可见性（如果该 AP 元素没有被嵌套，它的父级就是文档正文，而文档正文始终可见）。另外，如果未指定可见性，则不会显示眼形图标，这在属性面板中表示为默认显示状态。单击张开的眼形图标，图标就会消失。

可以通过单击 AP 元素面板中位于列顶部的标头眼形图标来同时更改所有 AP 元素的可见性（即将所有 AP 元素设置为可见或隐藏，但不能设置为继承）。当前选定 AP 元素始终是可见的，并且出现在其他 AP 元素的前面。

例如，在图 3-44 中隐藏 apDiv1 的效果如图 3-45 所示。

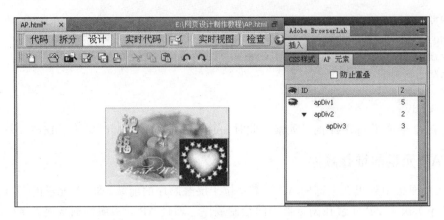

图 3-45　隐藏 apDiv1

3.6.6　AP 元素与表格的转换

AP 元素与表格都可以用于页面布局，但比较而言，AP 元素在定位、排列和嵌套功能上比表格更方便、更随心所欲，但是在内容制作方面，表格优于 AP 元素，因此在网页设计过程中经常进行 AP 元素与表格的相互转换。

1．AP 元素层转换成表格

AP 元素转换为表格，要符合一定的条件。首先要确保 AP 元素之间没有重叠，因为表格之间不能重叠。另外被转换的 AP 元素中，不能有嵌套的 AP 元素。转换的操作步骤如下：

（1）将待转换成表格的 AP 元素放到恰当位置并选中（按【Shift】键单击，可选多个 AP 元素），如图 3-46 所示。

（2）执行"修改"→"转换"→"将 AP Div 转换为表格"菜单命令，打开"将 AP Div 转换为表格"对话框，如图 3-47 所示。

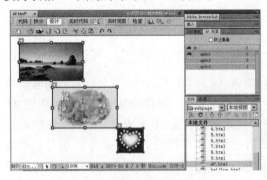

图 3-46　选中多个 AP 元素

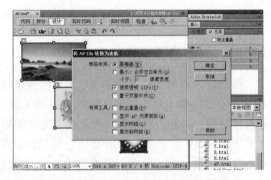

图 3-47　"将 AP Div 转换为表格"对话框

对话框中可以设置如下选项：

- 最精确：为每个层创建一个单元格，层之间的空白用空白单元格来代替。
- 最小：合并空白单元格，即去掉宽度或高度小于指定像素的单元格，就是说某些层的位置比较接近时，使它们对齐。这样可以使表中的空白单元格比较少。
- 使用透明 GIF：使用透明的 GIF 图像填充表格的最后一行，这样可以确保表格在所有浏览器中效果相同。

● 置于页面中央：使转换后的表格在页面上居中。

最下面的 4 项用于辅助层的页面布局，如防止重叠、显示层面板、显示网格、靠齐到网格。

设置完毕后单击"确定"按钮，效果如图 3-48 所示。

2. 表格转换成 AP 元素

将表格转换成 AP 元素的操作与 AP 元素转换成表格的操作类似，例如，将图 3-49 所示的表格转换为 AP 元素。执行"修改"→"转换"→"将表格转换为 AP Div"菜单命令。

图 3-48　AP 元素转换为表格后的效果　　　　　图 3-49　待转换表格

打开"将表格转换成 AP Div"对话框，显示转换设置如图 3-50 所示。转换结果如图 3-51 所示。

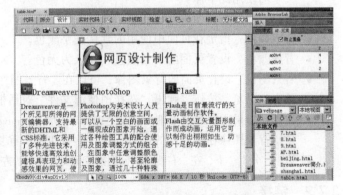

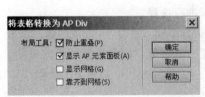

图 3-50　"将表格转换 AP Div"对话框　　　　图 3-51　表格转换成 AP 元素

需要注意的是：把表格转换成 AP 元素时，本来不在任何一个表格中的内容也将被转换成 AP 元素；若表格中有空单元格，除非它们具有背景色，否则不会转换成 AP 元素。

3.7　页面属性设置

网页的效果由很多方面的因素组成，其中网页外观、超链接效果、网页标题和编码以及跟踪图像等，是可以在网页属性中进行设置的。

在属性面板中单击"页面属性"按钮，即可进行页面属性设置。"页面属性"对话框如图 3-52 所示。

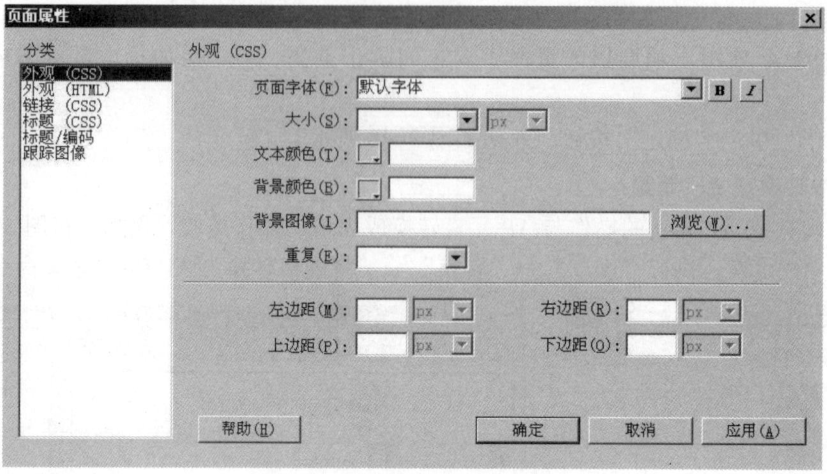

图 3-52　"页面属性"对话框

3.7.1　外观

页面外观可以直接以 HTML 代码的形式呈现，也可以 CSS 样式形式呈现（CSS 样式在第 4 章介绍），这就是页面属性对话框中的"外观（CSS）"和"外观（HTML）"。外观设置各项意义如下：

- 页面字体：指定在页面中使用的默认字体。除专门针对特定文字设置字体外，页面中的文字均使用此字体。
- 大小：指定在页面中使用的默认文字大小。
- 文本颜色：指定在页面中使用的默认文字颜色。
- 背景颜色：设置页面的背景颜色，默认为无色。
- 背景图像：设置页面的背景图像，可以在"背景图像"文本框中输入图像路径，也可以单击"浏览"按钮，弹出"选择图像源文件"对话框进行选择。
- 重复：如果背景图像不能填满整个窗口，Dreamweaver 会平铺（重复）背景图像。重复是指背景图像在页面上的显示方式，共有四种：重复、不重复、横向重复、纵向重复。
- 边距：分上、下、左、右四种，分别指定页面上、下、左、右边距的大小，默认为 3 像素。

3.7.2　链接

"链接"选项卡中可以对文档中的链接设定默认字体、大小、链接颜色、已访问的链接颜色及活动链接的颜色，如图 3-53 所示。

其中各参数意义如下：

- 链接字体：指定链接文本使用的默认字体。在默认情况下，Dreamweaver 使用页面指定的字体。
- 大小：指定链接文本使用的默认文字大小。
- 链接颜色：指定应用于链接文本的颜色。
- 已访问链接：指定应用于已访问链接的颜色。
- 变换图像链接：指定当鼠标位于链接上时使用的颜色。

- 活动链接：指定当鼠标在链接上单击时使用的颜色。
- 下画线样式：指定应用于链接的下画线设置。

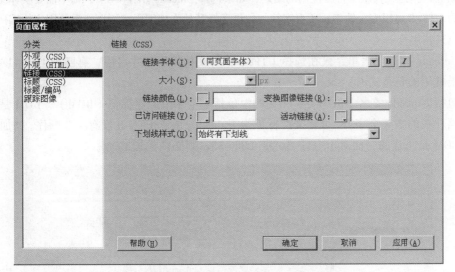

图 3-53　文档链接设置

3.7.3　标题

"标题"项中可以设定默认标题字体、大小、颜色等，如图 3-54 所示。

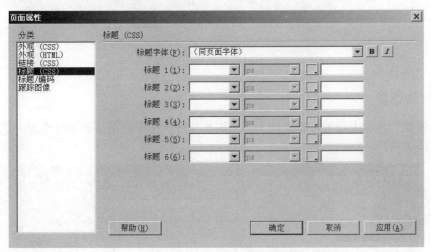

图 3-54　标题设置

3.7.4　标题/编码

"标题/编码"选项卡可指定制作页面时所使用的文档编码类型，如图 3-55 所示。

标题/编码设置中各项意义如下：

- 标题：指定在文档窗口和大多数浏览器窗口的标题栏中出现的页面标题。
- 文档类型（DTD）：指定一种文档类型定义，如可以选择"XHTML 1.0 Transitional"或

"XHTML 1.0 Strict"，使 HTML 文档与 XHTML 兼容。

- 编码：指定文档中字符所使用的编码，如果选择 Unicode（UTF-8），则不需要实体编码，因为 UTF-8 可以安全地表示所有字符。如果选择其他文档编码，则可能需要用实体编码才能表示某些字符。

- Unicode 标准化表单：仅在选择 UTF-8 作为文档编码时才启用，有四种 Unicode 范式，最常用的是范式 C。

- 包括 Unicode 签名（BOM）：在文档中包括一个字节顺序标记（BOM），BOM 是位于文档开头的 2-4 个字节，可将文件标识为 Unicode。由于 UTF-8 没有字节顺序，添加 UTF-8 BOM 是可选的，而对于 UTF-16 和 UTF-32，则必须添加 BOM。

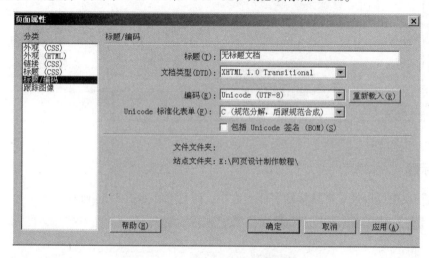

图 3-55　标题/编码设置

3.7.5　跟踪图像

"跟踪图像"选项卡设置可指定插入一个图像文件，用于在设计页面时作为（定位等）参考，如图 3-56 所示。

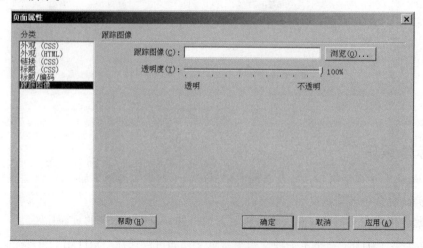

图 3-56　跟踪图像设置

其中，"跟踪图像"用于指定页面设计时作为参考的图像，该图像只作设计参考，当文档在浏览器中预览或浏览时并不出现；"透明度"是指跟踪图像的透明度，0 为透明，100%为不透明。

习 题 三

1. 在 Dreamweaver 中，如何插入文本、符号、日期？
2. 如何向网页中添加新字体？
3. 在"属性"面板中可以设置文本哪些属性？这些属性在 HTML 中对应的标签是什么？
4. 在网页中添加一张图片（图片文件存储在 Image 文件夹中），并设置图片的格式。
5. 在网页中插入列表项。
6. 在网页编辑中有哪几种路径？区别是什么？如何表示？
7. 制作一个具有各种链接的网页。
8. 制作一个有文本、图像、鼠标经过图像、Flash 动画及音乐的网页。
9. 在网页中插入表格。

第 **4** 章 CSS 样式表

CSS 样式表是格式设置的集合，通过定义 CSS 样式表，可以将网页内容和显示格式分开，从而能够更灵活地控制页面的外观。CSS 样式表的运用，对于网站整体风格及页面布局有着极其重要的作用。

本章主要介绍 CSS 样式表的概念、CSS 样式表的基本语法、CSS 样式表的建立、CSS 样式表的应用及利用 CSS 样式表面板管理样式表等。

本章内容包括：

- CSS 样式表概述。
- 创建 CSS 样式表。
- 使用 CSS 样式表。
- 管理 CSS 样式表。

4.1 CSS 样式表概述

CSS 样式是一组格式设置的集合，其本质在于将页面的内容和显示形式分离。这样，同样的内容就可以使用不同的样式实现不同的页面显示效果。使用 CSS 样式，不仅便于对页面的统一布局和网站的整体风格进行控制，也使得网页的维护、更新更加容易。作为网页标准化设计的趋势，CSS 取得了浏览器厂商的广泛支持，正越来越多地被应用到网页设计中。

4.1.1 CSS 样式表的概念

样式就是用一个指定的名字来标志和保存的一组有关文本块、段落、表格或其他元素的显示格式的集合，CSS 样式表（Cascading Style Sheets，意为"层叠式样式表"或"级联样式表"）就是一组样式。

【例 4-1】CSS 样式的应用。

图 4-1 所示的网页，是使用了样式的一个例子。其中，字体、大小、颜色各不相同，且交替出现在网页中，用我们前面学过的方法，只能逐行或逐段地进行设置，相当烦琐。如果网页内容再复杂一点，类似字体、大小、颜色等格式设置的工作量就非常大。另外，标题上的阴影效果也只有用 CSS 样式才能设置。

在代码视图中查看该网页，内容如下：

```
1  <head>
2  <meta http-equiv="Content-Type" content="text/
html; charset=utf-8" />
```

图 4-1　CSS 样式运用效果

```
3  <title>CSS</title>
4     <style type="text/css">
5     <!--
6       h1{
7          font-size: 40px;
8          filter: Shadow(Color=#666666, Direction=45);
9           }
10         .ys2{font-size:30px; display:inline; color:green}
11         #ys3{font-size:20px; display:inline; color:blue}
12     -->
13    </style>
14 </head>
15 <body>
16    <h1>第四章 CSS 样式表</h1>
17    <p class="ys2">   4.1 CSS 样式表概述</p><br />
18    <p id="ys3">      4.1.1 CSS 样式表的概念</p><br />
19    <p id="ys3">      4.1.2 CSS 样式表的基本语法</p><br />
20    <p class="ys2">   4.2 建立 CSS 样式表</p><br />
21    <p id="ys3">      4.2.1 创建样式表</p><br />
22    <p id="ys3">      4.2.2 样式设置</p><br />
23    <p class="ys2">   4.3 应用 CSS 样式表</p><br />
24    <p id="ys3">      4.3.1 内部样式表</p><br />
25    <p id="ys3">      4.3.2 外部样式表</p><br />
26 </body>
```

其中，第 4～13 行，即标记<style>和</style>之间的是样式定义。如 h1 被定义为文字大小 40 像素、具有阴影，.ys2 被定义为绿色文字、大小 30 像素、不换行，#ys3 被定义为蓝色文字、大小 20 像素、不换行。定义的这些样式在第 16～25 行得到了反复运用。

从中我们也可以看出，CSS 样式表具有的特点：

（1）便于页面的修改。样式一经定义，可以多处使用，样式更改，则使用该样式的页面也就会自动更新。

（2）便于页面风格的统一。由于样式可以控制多个页面，因而只要对整个网站中使用的样式进行统一规划和定义，就可以实现页面风格的统一。

（3）CSS 样式表在极大地提高了工作效率的同时，也减少了网页的体积。

4.1.2　CSS 样式的基本语法

一个样式表由若干样式规则组成，样式规则的定义可以分为标记定义型、类定义型和标识定义型三种格式。

1. 标记定义型格式

标记定义型样式就是对现有的 HTML 标记的样式进行重新定义，使之符合特定的要求。定义形式如下：

HTML 标记{属性 1:值 1; 属性 2:值 2; …}

例 4-1 中的样式 h1 就属于这一种。

2. 类定义型格式

类定义型样式是一种自定义的样式，由于它通过 class 关键字引用，我们称之为类定义型样式。定义形式如下：

自定样式{属性1:值1；属性2:值2；…}

自定样式1,.自定样式2…{属性1:值1；属性2:值2；…}

类定义型的样式规则中，样式名称前面必须加点（.），例4-1中的样式.ys2就是这一种。

3．标识定义型格式

标识定义型样式也是一种自定义的样式，由于它通过id关键字引用，我们称之为标识定义型样式。定义形式如下：

#定义名称{属性1:值1；属性2:值2；…}

#定义名称1,#定义名称2…{属性1:值1；属性2:值2；…}

标识定义型的样式规则中，样式名称前面必须加点井号（#），例4-1中的样式#ys3就是这一种。

4.2　创建CSS样式表

样式表的定义通常可以放在网页头部（内部样式表）或存储在外部CSS文件中（外部样式表）。内部样式表只能在定义它的网页内使用，外部样式表则可供多个网页链接引用。

4.2.1　样式表的创建

样式表的创建方法有以下两种，一是使用Dreamweaver提供的CSS样式表工具来创建CSS样式；二是在"代码"视图中直接在网页头部输入CSS样式表的代码。

通过样式工具创建样式表，步骤如下：

（1）执行"格式"→"CSS样式"→"新建"菜单命令，打开"新建CSS规则"对话框，如图4-2所示。

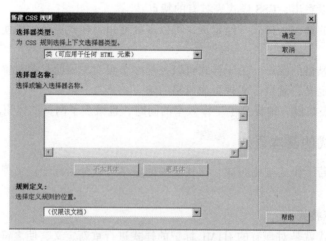

图4-2　"新建CSS规则"对话框

（2）在"选择器类型"下拉列表框中选择一种选择器，即确定要创建哪种形式的样式定义。有4个可选项：

- "类（可应用于任何HTML元素）"：自定义CSS样式，这种样式可以在任何HTML标记中通过CLASS属性引用。
- "ID（仅应用于一个HTML元素）"：自定义CSS样式，这种样式可以在一个HTML标记中通过 ID 属性引用。

- "标签（重新定义 HTML 元素）"：重新定义特定 HTML 标签的默认格式。选择此选项时，"选择器名称"框中列出所有可以修改的 HTML 标记名称，用户可从中选择一个标记来重新定义。
- "复合内容（基于选择的内容）"：重新定义特定元素组合的格式，可为某一标记组合定义样式。例如：

"body p"是指网页中所有段落；

"body h1"是指网页中所有用 h1 定义的部分；

"a:link"是指已建立的链接；

"a:visited"是指已经访问过的链接；

"a:hover"是指鼠标悬浮在其上的链接；

"a:active"是指鼠标单击时的链接。

该项常用于定义链接的不同状态的样式效果。选择此项，"选择器名称"框中列出所有可以修改的 HTML 标记组合，用户可从中选择或输入一个 HTML 标记组合，来重新定义其样式。

（3）在"选择器名称"下拉列表框中输入样式名称或选择标记（组合）名称。如果创建的是自定义样式，则样式名称必须以英文点（.）开头（如果没有输入开头的点，Dreamweaver 也会自动加上一个点），名称使用字母和数字组合。

（4）在"规则定义"下拉列表框中选择样式定义在什么位置。有两个可选项："仅限该文档"表示创建内部样式表，样式定义放在网页内部；"新建样式表文件"表示创建外部样式表，样式定义在单独的样式文件中，选择此项后单击"确定"按钮，弹出"保存样式表文件为"对话框，要求将样式保存成一个样式文件。

（5）单击"确定"按钮，出现如图 4-3 所示的 CSS 规则定义对话框，在对话框中完成规则定义后，单击"确定"按钮完成样式表的创建。

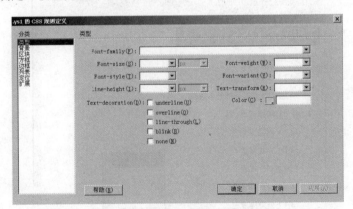

图 4-3　CSS 规则定义对话框

下面我们创建两个具有不同大小、颜色和阴影效果的内部样式.ys1 和.ys2，并应用到网页文字上。

【例 4-2】在文字上应用 CSS 样式。

操作步骤如下：

（1）执行"格式"→"CSS 样式"→"新建"菜单命令，打开"新建 CSS 规则"对话框。

（2）在选择器类型中选择"类（可应用于任何 HTML 元素）"选项。

（3）在选择器名称文本框中输入样式名称.ys1。

（4）在规则定义位置中选择"仅对该文档"。

（5）单击"确定"按钮后，在打开".ys1 的 CSS 规则定义"对话框的"类型"属性中选择字体（Font-family）为"隶书"、大小（Font-size）为 36 像素、颜色（Color）为蓝色，并在"扩展"属性中设置模糊滤镜 Blur（add=true, Direction=135, Strength=3），如图 4-4 所示。

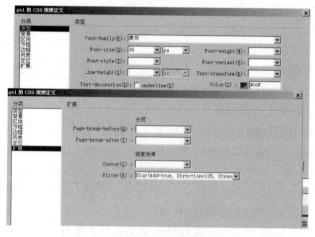

图 4-4　定义样式

（6）重复步骤（1）～（5），创建.ys2（隶书，28 像素，白色，Glow 滤镜）。

（7）在页面中选定第一行的章标题，在属性面板的"类"下拉列表框中选择样式 ys1。如图 4-5 所示。

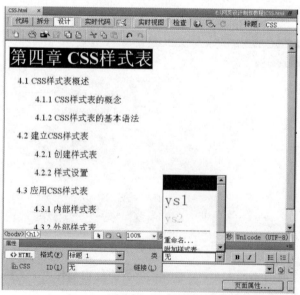

图 4-5　引用样式

（8）在页面中分别选定节标题，在属性面板的"类"下拉列表框中选择样式 ys2。

（9）保存网页并在浏览器中预览，效果如图 4-6 所示。

【例 4-3】将网页中的链接做成 3D 按钮的形式。

将图 4-7 所示的网页中的链接做成 3D 按钮形式，并去掉下画线，操作步骤如下：

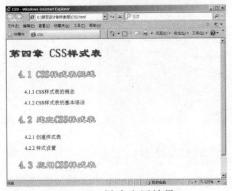

图 4-6 样式应用效果

图 4-7 具有链接的网页

（1）执行"格式"→"CSS 样式"→"新建"菜单命令，打开"新建 CSS 规则"对话框。

（2）在选择器类型中选择"标签（重新定义 HTML 元素）"选项。

（3）在选择器名称下拉框中选择 a。

（4）在规则定义位置中选择"仅对该文档"。

（5）单击"确定"按钮后，在打开"a 的 CSS 规则定义"对话框的"背景"属性中输入背景颜色（Background-color）为#fc0，"区块"属性中选定显示（Display）为 block，"方框"属性中输入宽度（width）为 6em，在"边框"属性中设置边框样式（style）为实线、上下左右的颜色分别为#aaa、#000、#aaa、#000，单击"确定"按钮。

（6）再建一个新样式，在选择器类型中选择"复合内容（基于选择的内容）"，在选择器名称下拉框中选择 a:hover，在规则定义位置中选择"仅对该文档"。

（7）单击"确定"按钮后，在打开"a:hover 的 CSS 规则定义"对话框的"边框"属性中设置边框样式（style）为实线、上下左右的颜色分别为#000、#aaa、#000、#aaa，"定位"属性中选择位置（Position）为 relative，并输入 Placement -top:2px，Placement-left:3px。

（8）单击"确定"按钮后，保存网页浏览，效果如图 4-8 所示。（当鼠标移到链接上时，可以看到 3D 效果）

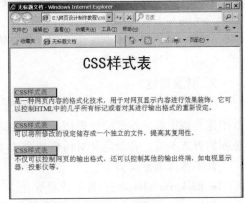

图 4-8 更改链接样式的效果

4.2.2 样式定义

样式是字体、颜色、位置、间距等的集合。在 Dreamweaver CS5 中，可以设置的样式属性分为类型、背景、区块、方框、边框、列表、定位和扩展八大类。在 CSS 规则定义对话框中，可以对这些属性进行设置。

1. 类型属性

"类型"定义 CSS 样式的最基本属性，如字体名、字体大小、粗细、样式、行高、修饰和颜色等。类型定义对话框如图 4-9 所示。

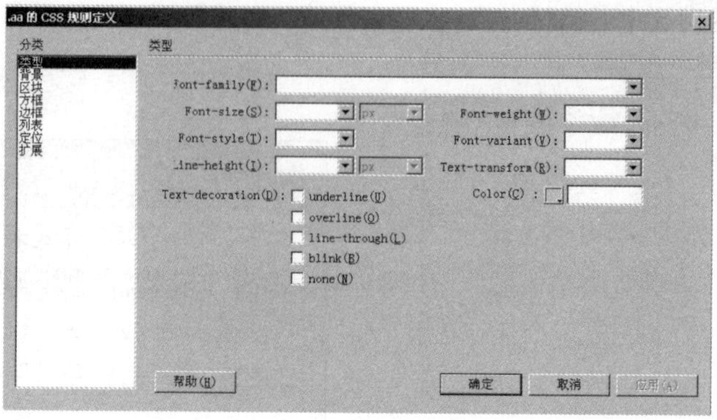

图 4-9　类型定义对话框

其中主要选项意义如下：

- Font-family：设置文字字体。
- Font-size：设置文字大小。
- Font-weight：设置字体的粗细，除了 normal（正常）、bold（粗体）、bolder（特粗）、lighter（细体）外，还有多种以像素为度量单位的设置方式。
- Font-style：设置文字字形，如斜体字。
- Font-variant：设置变体文字。
- Line-height：设置行高。
- Text-transform：设置文字转换规则。
- Text-decoration：设置文字修饰效果，用于控制链接文本的显示形态，有下画线（underline）、无下画线（overline）、删除线（line-through）、闪烁（blink）和无（none，使上述效果均不会发生）等 5 种修饰方式。

Color：设置文字颜色。

2. 背景属性

"背景"定义背景属性，包括背景颜色、背景图像、背景图像的重复平铺的方式、附件（背景图像是固定在它的原始位置还是随内容一起滚动）、水平位置和垂直位置（选择水平或垂直排列的方式）等。背景定义对话框如图 4-10 所示。

其中各选项意义如下：

- Background-color：设置背景颜色。
- Background-image：设置背景图片。在一个样式中，在背景颜色和背景图像同时存在的情况下，重叠的部分由背景图像覆盖背景颜色。
- Background-repeat：设置背景图像的平铺方式，有不重复（no-repeat）、重复（repeat，沿水平、垂直方向平铺）、横向重复（repeat-X，图像沿水平方向平铺）和纵向重复（repeat-Y，图像沿垂直方向平铺）等 4 种选择。
- Background-attachment：设置背景图像固定还是随着页面的其余部分滚动。
- Background-position：设置背景图像的起始位置，有左对齐（left）、右对齐（right）、顶部对齐（top）、底部对齐（bottom）、居中对齐（center）和值（自定义背景图像的起点位置，可使用户对背景图像的位置做出更精确的控制）等 6 种选择。

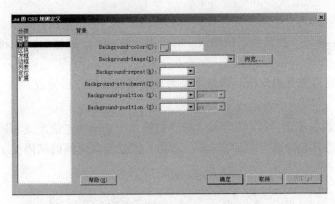

图 4-10　背景定义对话框

3．区块属性

"区块"定义设置单词间距、字母间距、垂直对齐方式、文本对齐方式、文字缩进属性、空格属性（"正常"选项将多个连续空格作为一个空格处理，"保留"选项保留空格原貌，"不换行"选项在输入文本时不会自动换行，需要换行时必须强制换行）、显示属性（指定是否及如何显示元素）等。区块定义对话框如图 4-11 所示。

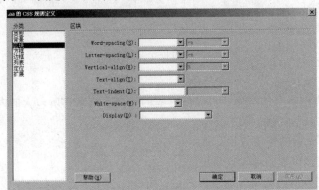

图 4-11　区块定义对话框

其中各选项意义如下：

- Word-spacing：设置单词的间距。有正常（normal）和值（自定义间隔值）两种选择方式。当选择值时，可用的单位有像素（px）、英寸（in）、厘米（cm）、毫米（mm）等。
- Letter-spacing：设置字母间距。增加或减小字母或字符的间距，负值表示减少字符间距。
- Vertical-align：设置垂直对齐方式。有基线（baseline，将元素的基准线同母体元素的基准线对齐）、下标（sub，将元素以下标的形式显示），上标（super，将元素以上标的形式显示）、顶部（top，将元素顶部同最高的母体元素对齐）、文本顶部对齐（text-top，将元素的顶部同母体元素文字的顶部对齐）、中线对齐（middle，将元素的中点同母体元素的中点对齐）、底部（bottom，将元素的底部同最低的母体元素对齐）、文本底部对齐（text- bottom，将元素的顶部同母体元素文字的顶部对齐）及值（自定义）等选项。
- Text-align：设置文本对齐方式。
- Text-indent：设置文本缩进宽度。

- White-space：设置对空格的处理方式。在 HTML 中，空格是被省略的；在 CSS 中则使用属性（white-space）控制空格的输入。有正常（normal）、保留（pre）和不换行（nowrap）等 3 种选择。
- Display：设置对象显示范围，即指定是否显示以及如何显示元素。

4．方框属性

"方框"设置元素的宽度、高度、浮动（设置图像浮于页面的左边距或右边距）、填充（设置元素内容和元素边界之间的间隔距离）、边界（设置元素之间的间隔值）等属性。方框定义对话框如图 4-12 所示。

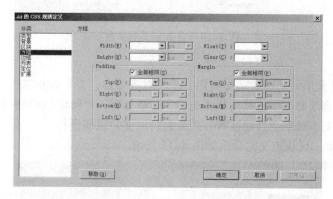

图 4-12　方框定义对话框

其中各选项意义如下：
- Width：确定方框本身的宽度，可以使方框的宽度不依靠它所包含的内容多少。
- Height：确定方框本身的高度。
- Float：设置块元素的浮动效果。
- Clear：用于清除设置的浮动效果。
- Padding：确定方框边缘填充的空白数量，可分上、下、左、右分别设置。
- Margin：控制方框的边距大小。也可分上、下、左、右分别设置。

5．边框属性

"边框"定义元素周围边框的样式、宽度和样式。边框定义对话框如图 4-13 所示。

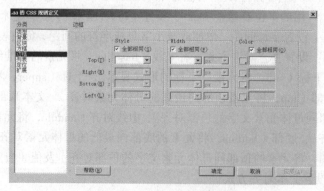

图 4-13　边框定义对话框

其中各选项意义如下：

- Style：设定边框类型。有无（none）、点画线（dotted）、虚线（dashed）、实线（solid）、双线（double）、槽状（grove）、脊状（ridge）、凹陷（inset）和凸起（outset）等 9 种。可分上、下、左、右分别设置。
- Width：控制边框的宽度，可分上、下、左、右分别设置。
- Color：设置边框的颜色。可分上、下、左、右分别设置。

【例 4-4】在如图 4-14 所示的文字上应用区块、方框和边框样式。

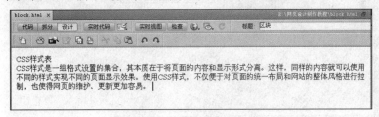

图 4-14　未使用样式的文字

操作步骤如下：

（1）执行"格式"→"CSS 样式"→"新建"菜单命令，打开"新建 CSS 规则"对话框。

（2）在选择器类型中选择"类（可应用于任何 HTML 元素）"选项。

（3）在选择器名称文本框中输入样式名称.ys4。

（4）在规则定义位置中选择"仅对该文档"。

（5）单击"确定"按钮后，在打开".ys4 的 CSS 规则定义"对话框。

在"类型"属性中选择字体为"华文楷体"、大小为 18 像素、颜色为蓝色，在"背景"属性中设置背景颜色为淡黄色。

在"区块"属性中设置字符间距为 4 像素。

在"方框"属性中设置方框的宽为 400 像素、高为 180 像素、方框边缘填充 10 像素、方框四周的边距为 20 像素。

在"边框"属性中设置边框类型为点画线、宽度为 5 像素、颜色为红色。

（6）选定页面中的文字，在属性面板的"类"下拉列表框中选择引用.ys4，效果如图 4-15 所示。

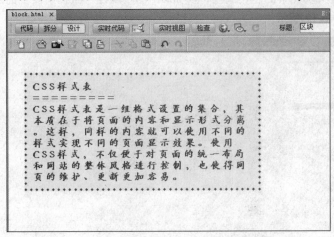

图 4-15　文字的样式使用效果

6．列表属性

"列表"设置列表的项目符号或编号的外观、位置（缩进属性）以及为项目符号指定自定义图形文件。列表定义对话框如图 4-16 所示。

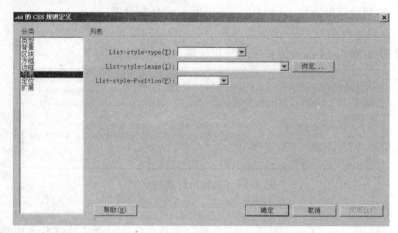

图 4-16　列表定义对话框

其中各选项意义如下：

- List-style-type：确定列表项前使用的符号类型，有 "disc"（圆点）、"circle"（圆圈）、"square"（方形）、"decimal"（数字）、"lower-roman"（小写罗马数字）、"upper-roman"（大写罗马数字）、"lower-alpha"（小写字母）、"upper-alpha"（大写字母）和 "无项目符号" 9 种。
- List-style-image：其作用是将列表前面的符号换为图形。
- List-style-position：用于描述列表位置，有内（inside，设置项目符号在文本以内）和外（outside，设置项目符号在文本以外）两种选择。

7．定位属性

"定位"用于定义块元素的定位属性，与 apDiv 的 "属性" 面板中设置的属性基本相同。定位定义对话框如图 4-17 所示。

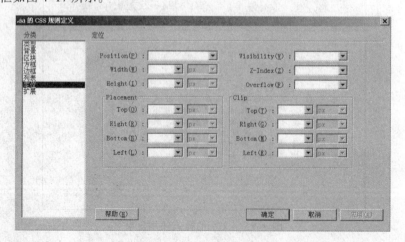

图 4-17　定位定义对话框

其中各选项意义如下：

- Position：用于确定定位的类型，有 absolute（绝对，表示坐标值是相对于网页左上角）、relative（相对，表示坐标值相对于对象所在容器中的位置）和 static（静态，表示坐标值是对象在文本中的位置）3 种选择。
- Z-Index：用于控制网页中块元素的叠放顺序，可为元素设置重叠效果。该属性的参数值使用整数，值为 0 时，元素在最下层，适用于绝对定位或相对定位的元素。
- Visibility：使用该属性可将网页中的元素隐藏，有 inherit（继承母体要素的可见性设置）、visible（可见）和 hidden（隐藏）3 种选择。
- Overflow：在确定了元素的高度和宽度后，如其面积不能全部显示元素中的内容时，该属性起作用。其中有 visible（可见，扩大面积以显示所有内容）、hidden（隐藏，隐藏超出范围的内容）、scroll（滚动，在元素的右边显示一个滚动条）和 auto（自动，当内容超出元素面积时，显示滚动条）4 种选择。
- Placement：当为元素确定了绝对定位类型后，该组属性决定元素在网页中的具体位置。该组属性包含 4 个子属性，分别是 top（控制元素上面的起始位置）、right（控制元素右边的起始位置）、bottom 和 left。
- Clip：当元素被指定为绝对定位类型后，该属性可以把元素区域切成各种形状，但目前提供的只有方形一种。

【例 4-5】应用定位样式制作图片的层叠效果。

操作步骤如下：

（1）新建一个内部样式.photo，设置定位属性 Position:absolute；Z-Index:2；Placement-Top: 5px；Placement-Left:10px，如图 4-18 所示。

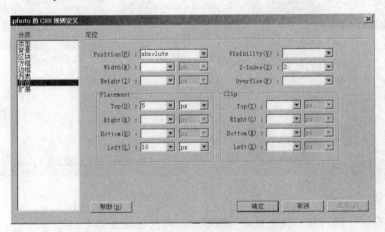

图 4-18　样式.photo 的定位属性设置

（2）新建一个内部样式.men，设置定位属性 Position:relative；Z-Index:1；Placement-top:10px；Placement-Left:10px。

（3）在页面上创建一个层 apDiv1，放置一张图片（photo.jpg），设置层的类属性为.photo。

（4）在页面上创建一个层 apDiv2，放置一张图片（men.gif），设置层的类属性为.men。

（5）保存后浏览页面，效果如图 4-19 所示。

图 4-19　CSS 定位属性设置效果

8．扩展属性

"扩展"定义打印时的分页设置、光标的外形以及各种滤镜效果（滤镜效果在 4.2.3 节详细介绍）。扩展定义对话框如图 4-20 所示。

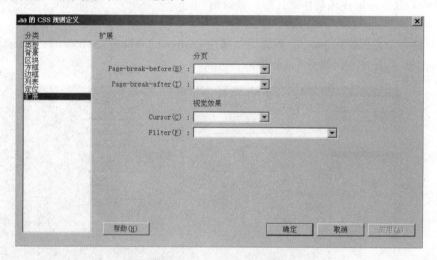

图 4-20　扩展定义对话框

扩展属性有"分页"和"视觉效果"两部分，各选项意义如下：

- Page-break-before 和 Page-break-after： 设置打印时强迫在样式控制的对象前后换页。
- Cursor：可以指定在某个元素上要使用的光标形状，共有 15 种选择方式，分别代表鼠标在 Windows 操作系统中的各种形状。另外，它还可以指定指针图标的 URL 地址。
- Filter：可以为网页中元素施加各种奇妙的滤镜效果，共包含透明、模糊、扭曲、阴影等 16 种滤镜，如图 4-21 所示。这些滤镜效果我们将在本章下一节详细介绍。

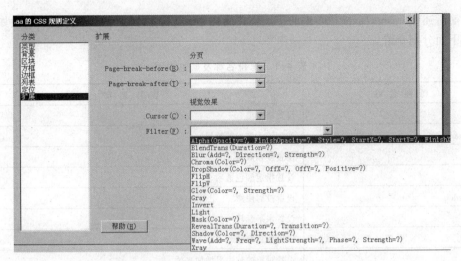

图 4-21　CSS 滤镜

【例 4-6】应用扩展样式制作阴影字。

操作步骤如下：

（1）新建一个内部样式.ys6，设置字体为黑体、大小 48 像素、居中对齐，并设置扩展属性中的 cursor 为 wait（酒杯形状），filter 为 Shadow(Color=#0000ff, Direction=45)，即蓝色阴影。

（2）选定网页中要设置阴影的文字，在属性面板中的"类"下拉列表框中选择.ys6，保存文件并浏览，效果如图 4-22 所示。

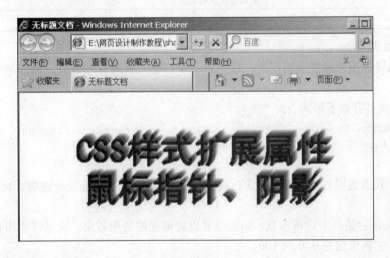

图 4-22　滤镜效果

4.2.3　CSS 滤镜

CSS 滤镜是对常规的 CSS 的一个扩展子集，可以使应用对象（文字、图片、HTML 元素等）产生透明、模糊、扭曲、阴影、边缘发光等效果。合理地使用 CSS 滤镜，可以减少网页使用图片的数量，从而减少网页大小；也可以通过直接修改 CSS 中滤镜的参数，从而达到快速更新页面的效果。CSS 滤镜丰富了网页作内容的展现方式。

如前所述，Dreamweaver CS5 中的扩展样式属性中，已内置 16 种滤镜，滤镜及属性如表 4-1 所示。下面分别介绍。

表 4-1　滤镜名称及属性说明

属 性 名 称	属 性 解 释
Alpha	设置透明度
BlendTrans	产生淡入淡出的效果
Blur	设置模糊效果
Chroma	设置指定颜色透明
Dropshadow	设置投射阴影
Fliph	设置水平翻转
Flipv	设置垂直翻转
Glow	设置对象的外边界增加光效
Grayscale	设置灰度（类似黑白照片的效果）
Invert	设置底片效果
Light	设置灯光投影效果
Mask	设置透明膜
RevealTrans	产生动态图片变换效果
Shadow	设置阴影效果
Wave	利用正弦波扭曲图片
Xray	设置 X 光片效果

1．Alpha 滤镜

Alpha 滤镜是用来设置透明度的，即是将一个目标元素与背景混合，可以指定数值来控制混合的程度。

Alpha 滤镜具有如下形式：

```
Filter:Alpha(Opacity=?,Finishopacity=?,  Style=?,  Startx=?,  Starty=?,
Finishx=?, Finishy=?)
```

其中：

Opacity：代表透明程度（百分比），可选值从 0 到 100，0 代表完全透明，100 代表完全不透明。

Finishopacity：是一个可选参数，如果想要设置渐变的透明效果，就可以使用它来指定结束时的透明度。它的值也是从 0 到 100。

Style：指定透明区域的形状特征。其中 0 代表统一形状；1 代表线形；2 代表放射状；3 代表长方形。

Startx 和 Starty：代表渐变透明效果的开始坐标，

Finishx 和 Finishy：代表渐变透明效果的结束坐标。

图 4-23 所示为运用 CSS 样式，并设置 Alpha 滤镜：

```
Alpha(Opacity=0,Finishopacity=80,Style=1,Startx=100,Starty=100,Finishx=0,
Finishy=0)
```

的前后效果对比。

图 4-23 设置 Alpha 滤镜的前后对比

2．BlendTrans 滤镜

BlendTrans 滤镜产生淡入淡出的效果，只有一个参数：duration（变换时间）。由于需要借助于 JavaScript 编码来实现转换功能，本书不做详细介绍。

3．Blur 滤镜

用手指在一幅尚未干透的油画上迅速划过时，画面就会变得模糊。Blur 滤镜就是产生这样的模糊效果。

滤镜具有如下形式：

```
Filter:Blur(Add=?,Direction=?,Strength=?)
```

其中：

Add：值为 1 或 0。指定图片是否被改变成印象派的模糊效果。

Direction：用来设置模糊的方向。模糊效果是按照顺时针方向进行的。其中 0° 代表垂直向上，每 45° 一个单位，默认值是向左的 270°。

Strength：表示有多少像素的宽度将受到模糊影响。默认值是 5 像素。

图 4-24 所示为运用 CSS 样式，并设置 Blur 滤镜：

```
Blur(Add=1,Direction=45,Strength=10)
```

的前后效果对比。

图 4-24 设置 Blur 滤镜的前后对比

4．Chroma 滤镜

Chroma 滤镜是设置一种颜色为透明色，形式如下：

```
Filter:Chroma(color=?)
```

它只有一个参数，即指定透明的颜色。图 4-25 所示为 Chroma(color=#00ff00) 的应用效果。

Chroma滤镜 Chroma滤镜

图 4-25　设置 Chroma 滤镜的前后对比

需要注意的是，因为很多图片经过减色和压缩处理（比如 JPG、GIF 等格式）后已经发生了细微的变化，肉眼看上去是一样的颜色却不再一样，所以设置为透明效果往往出乎预料。建议使用在 PNG 格式的图片文件，效果会好一些。

5. DropShadow 滤镜

DropShadow 滤镜是为对象添加阴影效果。它实现的效果看上去就像使原来的对象离开页面，然后在页面上显示出该对象的投影。形式如下：

```
Filter:DropShadow(Color=?,OffX=?,OffY=?,Positive=?)
```

其中：

Color：是投射阴影的颜色。

OffX 和 OffY：分别是 X 方向和 Y 方向阴影的偏移量。正数表示 X 轴的右方向和 Y 轴的向下方向，负数则相反。

Positive：True 为任何非透明像素建立可见的投影，False 为透明的像素部分建立可见的投影。

图 4-26 所示为运用 DropShadow 滤镜：

```
DropShadow(Color=#0000ff, OffX=5, OffY=5, Positive=1)
```

给蓝色文字（72 像素大小）设置绿色阴影的效果。

投射阴影

图 4-26　设置 DropShadow 滤镜的效果

6. FlipH 和 FlipV 滤镜

FlipH 和 FlipV 用于将对象水平和垂直翻转。这两种滤镜都没有参数，即其形式为：

```
Filter:FlipH
```

或　　`Filter:FlipV`

图 4-27 所示为运用 FlipH 和 FlipV 滤镜的效果。

图 4-27　运用 FlipH 和 FlipV 滤镜的效果

7. Glow 滤镜

当对一个对象使用 Glow 属性后，这个对象的边缘就会产生类似发光的效果。滤镜形式如下：

`Filter:Glow(Color=?,Strength=?)`

其中，Color 是指定发光的颜色，Strength 指定发光的强度，参数值从 1 到 255。

需要注意的是，如要使图片发光，应将图片放在一个层或表格中，使其周围有一定的空隙，并将滤镜应用于层或表格。图 4-28 是将图片放在层中，并将滤镜 Glow(Color=#ff0000, Strength=10)应用于层的效果。

图 4-28　应用 Glow 滤镜的效果

8. Gray 滤镜

Gray 滤镜用于将一张图片变成灰度图，其格式为：

`Filter:Gray`

图 4-29 是运用 Gray 滤镜的效果。

图 4-29　应用 Gray 滤镜的效果

9. Invert 滤镜

Invert 滤镜可以把对象的可视化属性全部翻转，包括色彩、饱和度和亮度值，就像底片一样。其形式为：

`Filter:Invert`

图 4-30 是运用 Invert 滤镜的效果。

图 4-30　应用 Invert 滤镜的前后对比

10. Light 滤镜

Light 滤镜能产生一个模拟光源的效果，配合使用 JavaScript，使对象产生光照的效果。由于需要借助于 JavaScript 编码来实现转换功能，本书不做详细介绍。

11. Mask 滤镜

Mask 滤镜为对象建立一个覆盖于表面的膜，其效果就像戴着有色眼镜看物体一样。其形式如下：

```
Filter:Mask(Color=?)
```

Mask 滤镜只有一个 Color 参数，用来指定使用什么颜色作为掩膜。将对象内容中透明的像素用 Color 参数指定的颜色显示作为一个遮罩，而非透明的像素则转为透明。

图 4-31 是运用 Mask 滤镜的效果。

图 4-31　应用 Mask 滤镜的前后对比

需要注意的是，Mask 属性对图片文件的支持不够，不能达到应该有的效果，建议使用透明背景的 GIF 格式的图片文件。

12. RevealTrans 滤镜

RevealTrans 滤镜产生动态图片变换的效果，其形式为：

```
Filter:RevealTrans(Duration=?, Transition=?)
```

其中 Transition 和 Duration 分别表示变换效果和持续时间。由于需要借助于 JavaScript 编码来实现变换功能，本书不做详细介绍。

13. Shadow 滤镜

Shadow 滤镜可以在指定的方向建立物体的投影。其形式为：

```
Filter:Shadow(Color=?,Direction=?)
```

其中两个参数：Color 用于指定投影的颜色；Direction 用于指定投影的方向，用角度表示，0° 代表垂直向上。

图 4-32 是运用 Shadow 滤镜：

```
Shadow(Color=#ff0000, Direction=45)
```

给蓝色文字（72 像素大小）设置红色阴影的效果。

图 4-32　应用 Shadow 滤镜的效果

14. Wave 滤镜

Wave 滤镜用来把对象按照垂直的波纹样式打乱。其形式如下：

```
Filter:Wave(Add=?,Freq=?,LightStrength=?,Phase=?,Strength=?)
```

其中：

Add：表示是否将对象按照波纹样式打乱，True 表示打乱，False 表示不打乱。

Freq：是波纹的频率，默认值为 3。

LightStrength：是为波纹增强光影效果的强度，值从 0 到 100。

Phase：用来设置正弦波开始的偏移量，是开始时的偏移量占波长的百分比。这个值通常为 0。

Strength：表示波纹的振幅。

图 4-33 是运用 Wave 滤镜后的效果，Wave 滤镜设置如下：

```
Wave(add=true,freq=5,lightstrength=50,phase=0,strength=20)
Wave(add=true,freq=20,lightstrength=100,phase=0,strength=20)
```

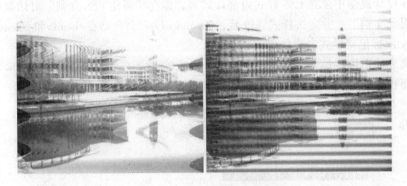

图 4-33　应用 Wave 滤镜的效果

15. Xray 滤镜

Xray 滤镜产生的效果就是使对象看上去有一种 X 光片的感觉。其形式为：

```
Filter:Xray
```

图 4-34 是运用 Xray 滤镜的效果。

图 4-34　应用 Xray 滤镜的前后对比

4.3　使用 CSS 样式表

在创建 CSS 时，可以根据个人喜好，选择一种应用 CSS 的方式。如果希望用相同的样式控制多个文档的格式，使用外部 CSS 样式表是最简单的方法。如果喜欢步骤简单，或者只有一个页面需要应用某个 CSS 样式表，那就使用内部样式表。

CSS 样式表按其引用方式可以分为内部样式表、内联样式表和外部样式表三种，不同的样式表，其适用范围和引用方式都不同。

1．内部样式表的使用

内部样式表的样式定义放在页面代码的\<head>和\</head>之间，引用在\<body>和\</body>之间，定义形式为：

```
<head>
    <style type="text/css">
    样式定义
    </style>
</head>
```

当我们在设计视图中建立 CSS 样式内部样式表，即在"新建 CSS 规则"对话框中，选择规则定义"仅限此文档"，并定义样式属性后，Dreamweaver 会自动在\<head>和\</head>之间插入\<style>…\</style>标记将样式定义代码放在其中。

内部样式表的引用，是先在网页选中要使用样式的对象（文字、图片、表格单元格等），然后在属性面板的"类"下拉列表框中选择相应的样式即可，如图 4-35 所示。

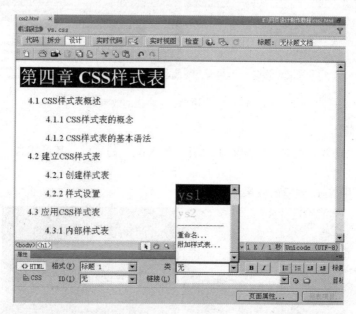

图 4-35　引用样式

也可以在网页代码中，用 HTML 代码直接引用样式，引用形式为：

```
    <HTML 标记>…</HTML 标记>
或  <HTML 标记 class="自定义标记">…</HTML 标记>
或  <HTML 标记 id="自定义标记">…</HTML 标记>
```

如例 4-1 中的第 16～25 行就是使用内部样式表的例子，其中第 16 行是引用标记型样式 h1，第 17、20、23 行是引用类定义型样式.ys2。第 18、19、21、22、24、25 行是引用标识定义型样式#ys3。

2．外部样式表的使用

外部样式表是将样式定义单独作为一个文件存放（文件扩展名为.css），当在网页中直接创建外部 CSS 样式表时，该样式表被自动链接到网页中。当创建新网页时，如果 CSS 样式文件已经存在，通常可以通过附加外部样式表操作，将网页与外部样式表建立链接。编辑外部 CSS 样式表时，所有链接到 CSS 样式表的文档均得到更新以反映编辑结果。

　　将外部样式表链接到网页，只需要在网页编辑状态下执行"格式"→"CSS 样式"→"附加样式表"菜单命令，在出现如图 4-36 所示的链接外部样式表对话框后，填入外部样式表文件名即可。

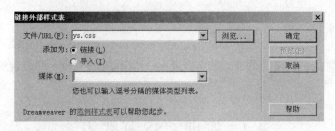

图 4-36　链接外部样式表

对话框中各种参数的意义如下：

"链接"：表示只读取外部 CSS 样式表的信息，不把信息导入到网页文档。

"导入"：表示将外部 CSS 样式表的信息导入到当前的网页文档。

"媒体"：表示样式表的适用设备。取值为 all 表示用于所有输出设备，screen（默认）表示用于计算机屏幕，print 表示用于打印机，handheld 表示用于手持设备，tv 表示用于电视类型的设备，等等。

　　将外部样式表链接到一个网页后，查看网页的 HTML 代码，会发现在<head>和</head>之间出现如下链接代码：

```
<head>
    <link href="xxx.css" rel="stylesheet" type="text/css" />
</head>
```

　　将外部样式表与网页链接后，再在网页中引用样式，用法就同使用内部样式表一样。例如，我们先创建外部样式表 ys.css，其中定义了样式.ys1、.ys2 和.ys3，再建一新网页，则新网页中也可使用样式.ys1、.ys2 或.ys3，如图 4-37 所示。

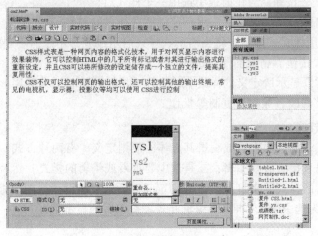

图 4-37　使用外部样式表

当要在站点上所有或部分网页上一致地应用相同样式时，可使用外部样式表，并将它们链接到所有网页，便能确保所有网页外观的一致性。如需要更改样式，只需在外部样式表中修改一次，更改就会反映到所有与该样式表相链接的网页上。

使用外部样式表，可以使代码量最小，表现最统一，网站建设中应尽量使用外部样式表。

3．内联样式表的使用

内联样式表是把 CSS 样式的定义直接放在引用的 HTML 标签中。其形式如下：

```
<p style="font-size: 10px; color: #FFFFFF;">
    样式应用对象
</p>
```

内联样式表虽然是一种快捷的方式，但是不利于以后的统一修改和表现的一致性，所以不提倡使用。

4.4　管理 CSS 样式表

在 CSS 样式定义好之后，就需要对样式进行管理，如新建、查看、修改、删除等。利用样式面板可以轻松地实现对 CSS 样式表的管理。

1．样式面板的使用

执行"窗口"→"CSS 样式"菜单命令，打开"CSS 样式"面板，如图 4-38 所示。

单击样式面板上部的选项卡"全部"，能显示出当前文档中可用的所有 CSS 样式，单击"当前"则显示当前选定对象上使用的样式。

样式面板右下有五个样式操作按钮，功能如下：

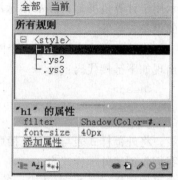

图 4-38　"CSS 样式"面板

- ：附加样式表按钮。弹出"链接外部样式表"对话框，链接到或导入外部样式表。
- ：新建样式按钮。弹出"新建 CSS 规则"对话框，新建一个样式。
- ：编辑样式表按钮。当在面板中选中一个样式后，单击此按钮弹出样式定义对话框，重新定义所选样式的属性。
- ：启用/禁用样式式按钮。将当前所选样式启用或者禁用（但不删除样式定义）。
- ：删除样式按钮。删除当前所选的样式。

样式面板不仅可以显示所定义的样式名称、样式属性，而且可以利用上述样式操作按钮进行 CSS 样式的创建、修改、删除、复制等操作。

2．查看和编辑样式

对已建立的样式，如果要查看或编辑其具体的规则定义，有两种方式。一是通过样式面板底部的样式属性代码直接查看和编辑；二是选中要查看或编辑的样式，然后单击编辑样式表按钮，或直接双击查看的样式，来打开 CSS 规则定义对话框，在设计视图中查看或编辑样式。

如图 4-39 所示为选中.ys2，再单击编辑样式表按钮后的显示情况。

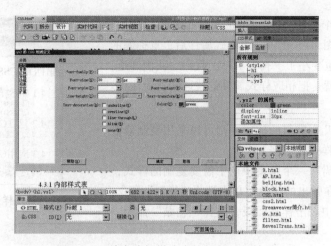

图 4-39　单击编辑样式表按钮的显示结果

3．新建样式

在样式面板中也可以新建样式，操作方法是单击样式面板底部的新建样式按钮，或在样式面板中右击，再从弹出的快捷菜单中选择"新建"命令，如图 4-40 所示。弹出新建 CSS 规则对话框，即可创建新样式（见 4.2.1 节）。

4．删除样式

要删除样式，只需在样式面板中选中要删除的样式，然后单击样式面板底部的删除样式按钮，或在样式面板中右击，再从弹出的快捷菜单中选择"删除"命令。

5．禁用/启用样式

在使用 Dreamweaver 过程中，如果我们需要对某些代码部分进行检测，或者是需要修改某些代码，但是又不希望删除原有的代码片段，这个时候就可以使用"禁用"或者"启用"样式功能。

禁用样式（属性）的方法是，选中要禁用的样式，然后将鼠标移动到样式表属性行左侧的空白部分，这时会出现一个"禁用"的图标，单击该图标，属性前出现红色禁用标志，则该属性被禁用。在禁用图标上单击，使图标消失，则属性被启用。

例如，在例 4-1 所述的网页中，禁用样式 h1 的 filter 和 font-size 两项属性，如图 4-41 所示。

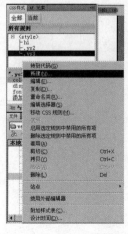

图 4-40　样式面板快捷菜单

图 4-41　禁用样式（属性）

禁用h1的这两个属性后，网页浏览效果如图4-42所示。

可以看到，与图 4-1 比，禁用样式属性后，章标题的阴影没有了，字体也变小了。查看 HTML 代码，我们知道，其实禁用样式属性就是把相应样式属性的代码转换为注释。

6. 复制样式

如果需要定义几个类似的样式，则可以采用复制修改的办法，节省创建样式的时间。

复制样式，只需在一个网页中选中需要复制的样式，右击样式面板中，在弹出的快捷菜单中选择"复制"命令，然后在另一个网页中右击样式面板，选择"粘贴"命令，即完成样式复制。

图 4-42　禁用样式属性后的浏览效果

习　题　四

1. 制作一个网页，采用 CSS 样式对其中多处文本进行设置。

2. 制作一个网页，其中含有不同风格的链接文本（未单击时、单击后，以及鼠标移到链接文本时，字体、颜色等各不相同）。

3. 制作一个外部样式表，同时制作两个以上的网页使用该样式表。然后修改样式表，查看网页的变化情况。

4. 制作一个链接样式，使网页中的链接具有 3D 效果，如图 4-43 所示。

5. 利用 CSS 样式设计一个如图 4-44 所示的光晕文字。

图 4-43　3D 链接示例 　　　　　　　　图 4-44　光晕文字示例

第5章 网页行为

在网页中使用动态特效可以实现用户与页面间的交互，使网页更加生动。Dreamweaver 中提供了"行为"功能，设计者只需进行简单的设置就可以产生各种丰富的动态特效，而无须理解任何代码。本章主要介绍网页行为的概念、应用网页行为和 Dreamweaver CS5 内置行为等。

本章内容包括：
- 网页行为的概念。
- 应用网页行为。
- Dreamweaver CS5 内置行为。

5.1 网页行为的概念

网页行为是用来动态响应用户操作、改变当前页面效果或是执行特定任务的网页成分。常见的网页行为如弹出窗口、鼠标移上去图片切换等。

一般说来，网页行为是通过 JaveScript 或基于 JaveScript 的 DHTML 代码来实现的。包含 JaveScript 脚本的网页，能够实现用户与页面的简单交互，但是编写脚本既复杂又专业，需要专门学习。而 Dreamweaver 提供的内置行为，虽然也是基于 JaveScript 来实现动态效果和交互的，但却不需书写任何代码，在可视化环境中进行设置，就可以实现丰富的网页特效和简单的交互功能。

1. 对象、事件和行为

行为是事件与动作的彼此结合。例如，当鼠标移动到网页的图片上方时，图片高亮显示，此时的鼠标移动称为事件，图片的变化称为动作（或行为）。一般的行为都是要有事件来激活动作。动作是由预先写好的能够执行某种任务的 JavaScript 代码组成，而事件是与用户的操作相关，如单击鼠标、鼠标移动等。因此，与行为相关的有三个重要的组成部分——对象、事件和动作。

（1）对象。对象是产生行为的主体，很多网页元素都可以成为对象，如图片、文字、多媒体文件等，甚至是整个页面。

（2）事件。事件是触发动态效果的原因，它可以被附加到各种页面元素上，也可以被附加到 HTML 标记中。事件包括有很多种，如将鼠标移到图片上（onMouseOver）、把鼠标放在图片之外（onMouseOut）、单击鼠标（onClick）等，不同的浏览器支持的事件种类和多少是不一样的。

浏览器常用事件如表 5-1 所示。

表 5-1　常用事件列表

事 件 类 型	事 件 含 义
onAbort	中断浏览器正在载入图像的操作
onBlur	指定元素不再被访问者交互
onChange	改变网页中的某个值
onClick	在指定的元素上单击
onDblClick	在指定的元素上双击
onError	浏览器在网页或图像载入产生错误
onFinish	滚动字幕等框元素完成一个循环
onFocus	指定元素被访问者交互
onKeyDown	按下任意键
onKeyPress	敲击任意键（onKeyDown + onKeyUp）
onKeyUp	按下的键松开
onLoad	图像或网页载入完成
onMouseDown	按下鼠标
onMouseMove	将鼠标在指定元素上移动
onMouseOut	鼠标从指定元素上移开
onMouseOver	鼠标第一次移动到指定元素
onMouseUp	鼠标弹起
onMove	窗体或框架移动
onReset	表单内容被重新设置为默认值
onResize	调整浏览器或框架大小
onScroll	使用滚动条向上或向下滚动
onSelect	选择文本框中的文本
onStart	对象开始显示内容
onSubmit	提交表单
onUnload	离开网页

（3）动作。行为通过动作来完成动态效果，动态效果可能是图片的翻转、链接的改变、声音的播放等。在将行为附加到网页元素之后，只要对该元素发生了用户指定的事件，浏览器就会执行与该事件关联的动作。例如，如果将弹出消息动作附加到某个链接上，并指定它将由 onMouseOver 事件触发。那么只要在浏览器中将鼠标指标指向该链接，就会弹出所设置的信息。

每个对象和事件都可以指定多个动作。例如，当访问者打开一个网页时，既可以播放音乐，又可以在网页的下方状态栏内显示提示的文本；当访问者将鼠标移到图像上时，既可以触发改变图像的动作，又可以显示一个隐藏的菜单。

2．Dreamweaver 内置行为

行为通过动作来完成动态效果，这些动作是由预先编写的 JavaScript 代码来完成的，这些代码能执行各种特定的任务，如打开浏览器窗口、显示或隐藏层、播放声音或影片等。Dreamweaver CS5 提供了很多已经编好的 JavaScript 动作代码。这些代码实现的行为称之为"内

置行为"。用户如果精通 JavaScript，也可以自己编写动作代码，以实现特定的行为。

Dreamweaver CS5 提供的内置行为有 16 种，通过行为面板可以看到这些内置行为。操作步骤如下：

（1）选定一个可以附加行为的对象，可以是图片、链接、AP 元素等。

（2）执行"窗口"→"行为"菜单命令，打开行为面板。

（3）在行为面板中单击添加行为按钮 ，即可显示出 Dreamweaver 的所有内置行为，如图 5-1 所示。

下面简单介绍图中各行为的功能。

图 5-1　Dreamweaver 内置行为

- 交换图像：通过更改 img 标签的 Src 属性将一个图像和另一个图像进行交换。使用该行为用于创建按钮鼠标经过图像和其他图像效果（包括一次交换多个图像）。
- 弹出信息：显示一个带有指定的信息 JavaScript 警告。因为 JavaScript 警告只有一个"确定"按钮，所以使用此行为只能显示信息，而不允许用户选择。最常见的是当访问者进入某个页面时，会自动弹出一个信息提示框，显示预先设定好的文本，如"欢迎访问本站"等。
- 恢复交换图像：将最后一组交换的图像恢复为它们以前的源文体。每次将"交换图像"动作附加到某个对象时都会自动添加该动作；如果在附加"交换图像"动作时选择了"恢复"选项，则不再需要手动选择"恢复交换图像"动作。
- 打开浏览器窗口：在一个新的窗口中打开指定的网页。用户可以根据情况指定新窗口的属性（包括其大小、是否可以调整大小、是否具有菜单条等）和名称。例如，可以使用此行为在访问者单击缩略图时在一个单独的窗口中打开一个较大的图像。使用此行为，可使新窗口大小正好符合图像大小。
- 拖动 AP 元素：允许访问者拖动层，可以创建拼图游戏、滑块控件和其他可移动的界面元素，如制作随鼠标移动而发生位移的网页特效。
- 改变属性：用于更改对象某个属性的值，例如层的背景颜色或表单的动作。具体可以更改哪个属性必须由当前选用的浏览器来决定，例如在 IE 6.0 比 IE 3.0 允许改变属性的就要多得多。
- 效果：用于设置渐隐、晃动、遮帘等特殊视觉效果。
- 显示–隐藏元素：非常通用的网页特效，用于显示、隐藏或恢复一个或多个层的默认可见性。该行为用于在用户与网页进行交互时显示信息。例如，当鼠标移动到某个对象上时，原来隐藏的图层显示出来，从而显示出该图层中的对象；当鼠标离开原对象，显示和图层再次隐藏。常见于下拉菜单的设计等。
- 检查插件：根据访问者是否安装了指定的插件这一情况将他们发送到不同的页。例如，用户设置了一个 Flash 动画并插入到网页中，可以让安装有 Flash 播放插件的访问者直接播放动画，对未安装该软件的访问者提示"应该先安装 Flash 播放插件，下载地址为……."等信息。
- 检查表单：指定文本域的内容以确保用户输入正确的数据类型。
- 设置文本：可用于设置框架文本、层文本、状态栏文本和文本域文本。

设置框架文本：允许动态设置框架的文本，用指定的内容替换框架的内容和格式设置。该内容可以包括任何有效的 HTML 源代码。

设置层文本：用指定的内容替换网页上现有层中的内容和格式设置，该内容可以包括任何有效的 HTML 源代码。

设置状态栏文本：在浏览器窗口底部的状态栏中显示消息。例如，可以使用该行为在状态栏中说明链接的目标而不是显示与之关联的 URL。值得注意的是，访问者常常会忽略状态栏中的消息，如果显示的消息非常重要，最好考虑将其显示为弹出式信息提示框或层文本。

设置文本域文字：用指定的内容替换表单文本域内容。

- 调用 JavaScript：使用该行为可指定当发生某个事件时应该执行的自定义函数或 JavaScript 代码行。Dreamweaver 虽然内集了丰富的可供用的 JavaScript，如果想实现更加丰富的效果，可以调用自己制作的 JavaScript 或第三方开发的 JavaScript。
- 跳转菜单：若用户在表单中插入跳转菜单时，Dreamweaver 会自动创建一个菜单对象并向其附加一个 Jump Menu（或 Jump Menu Go）行为。通常不需要手动将跳转菜单动作附加到对象。
- 跳转菜单开始：允许用户将一个"转到"按钮和一个跳转菜单关联起来。在使用该行为之前，文档中必须已存在一个跳转菜单。
- 转到 URL：在当前窗口或指定的框架中打开一个新页。此操作尤其适用于通过一次单击更改两个或多个框架的内容。该动作是自动进行的，也就是说无须用户动手，该动作可以自动将访问者带到设置者设置好的指定网址。最常见的是那些网址发生变化的网站，它们常常在旧网址的首页上注明网址已变，然后通过设置旧网页的"转到 URL"动作自动将访问者带到新的地址去。
- 预先载入图像：可将不立即显示在网页中图像（例如那些将通过行为或 JavaScript 调入的图像）载入浏览器缓存中。用于防止当图像该显示时由于下载导致的延迟。

除上述内置行为外，如果用户想要获取更多的行为，可以选择行为面板中的"添加行为"→"获取更多行为"命令，从 Macromedia Exchange Web 站点及第三方开发人员站点上找到更多的动作。

5.2 应 用 行 为

行为是附加在特定对象上的，可以将行为附加到整个文档（即附加到 body 标签），还可以附加到链接、图像、表单元素等其他元素。Dreamweaver CS5 可通过行为面板来为一个对象设置行为。

1. 行为面板

执行"窗口"→"行为"菜单命令，可以打开行为面板，如图 5-2 所示。

面板上的 6 个按钮▭▤│✦- ▾ ▾，分别用于显示已经设置的事件、所有事件、为对象添加行为、删除行为和为行为排定顺序。

（1）▭：显示已设置事件按钮。用于显示当前选定对象中已经设置的事件。例如，一个网页中，已经为某图片设置了"交换图像"行为（鼠标移到图像上时，变成另一幅图像；鼠标移出时还原），则按显示已设置事件按钮后，在行为面板上会显示 onMouseOut 和 onMouseOver 两个事件。已设置事件面板如图 5-3 所示。

图 5-2　行为面板　　　　　　　　　　　图 5-3　显示已设置事件

（2） <img>：显示所有事件按钮。用于显示当前选定对象可以使用的全部事件。如上述已设置交换图像的例子中，如按显示所有事件按钮，则行为面板显示如图 5-4 所示。

（3） <img>：添加行为按钮。为选定的对象添加行为，它会弹出一个菜单，可以从菜单中选择设置不同的行为动作，如图 5-1 所示。

（4） <img>：删除行为按钮。在行为面板中选定某一行为，单击此按钮可以删除该行为。

（5） <img> 和 <img>：改变事件顺序。用于上下移动行为面板中行为的次序。在当前所选网页元素的行为列表中，默认是按事件的字母顺序排列。如果同一个事件有多个动作，通过改变行为顺序，将按照在列表上出现的顺序执行这些动作。

2．为对象添加行为

用户可以将行为添加到图像、链接、层、表单等对象或整个文档上（浏览器的类型决定了哪些对象可以添加行为）。要为一个添加行为，可按下面的步骤执行。

（1）在文档窗口选定欲添加行为的对象。如果希望为整个文档添加行为，可以单击文档编辑窗口状态栏左下角的<body>标记。

（2）单击行为面板上的添加行为按钮 <img>，弹出如图 5-1 所示的动作菜单。

（3）选择一种行为动作，在弹出的参数设置对话框中进行参数设置。

【例 5-1】 为图片添加"交换图像"行为。

为图 5-5 所示的网页中的 <img>（图像 ID 为 Image1，图像源文件为 dw1.jpg）图标做一个交换图像，即鼠标移到图像上时，图像变成另一个图标 <img>（dw2.jpg），当鼠标移开时，又恢复原状。

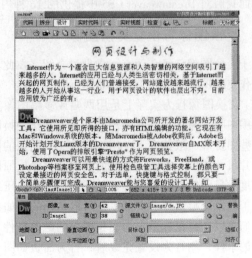

图 5-4　显示全部事件　　　　　　　　　图 5-5　添加行为前的网页

操作步骤如下：

（1）选定图片，单击行为面板上的添加行为按钮 +.，在弹出的动作菜单中选择"交换图像"，进入"交换图像"对话框，如图 5-6 所示。

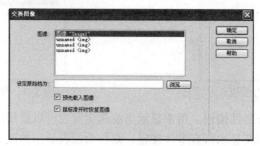

图 5-6 "交换图像"对话框

对话框中各项意义为：

"图像"列表框中的"Image1"为准备添加行为的图片。

"设定原始档为"文本框中填入交换图像，即鼠标移到原图像后变成的图像。

"预先载入图像"复选框指交换图像连同页面一起载入，而不是等到要显示时（鼠标移到原图像上时）才载入。

"鼠标滑开时恢复图像"复选框指自动添加恢复原始图像行为，并在鼠标移离图像时执行。

（2）在"设定原始档为："文本框中填入 dw2.jpg。设置完毕后，单击"确定"按钮，行为面板显示已为图像（Image1）的 onMouseOver 和 onMouseOut 这两个事件设置了行为动作，一个为"交换图像"，一个为"恢复交换图像"（见图 5-3）。

（3）保存网页浏览，即可看到交换图像的效果。

5.3 Dreamweaver CS5 内置行为

利用 Dreamweaver 中提供的内置行为，只需进行简单的设置，就可以在网页中设置各种动态特效，使网页变得更加生动。

下面我们对 Dreamweaver CS5 中提供的 16 种内置行为，分别予以介绍。

5.3.1 交换图像与恢复交换图像

由于交换图像已经在例 5-1 中做过介绍，在此不再详细介绍其操作方法。

制作交换图像行为，需要注意两点：

（1）交换图像行为实际上是用两幅或多幅图像实现的，即开始时显示一幅图片，鼠标移到图片范围内时，显示另一幅图片。因此在制作交换图像之前，应准备好这些图片。一般情况下，用于制作交换图像的图片最好使用与原始图片尺寸相同，否则，替换的图像为了适应原图片的大小（宽度和高度）显示时会出现不必要的变形，比如被压缩或扩展。

（2）触发交换图像的事件也是可以选择的，如在例 5-1 的例子中，我们可以选择鼠标单击为交换图像的触发事件，鼠标双击为恢复图像的事件，则行为设置完成后，行为面板如图 5-7 所示。

这时浏览网页，则效果是单击图像变成另外一幅，双击还原。

图 5-7 交换图像事件设置

5.3.2　弹出信息

弹出信息是指为某一对象设置显示提示、问候或者警告等信息。

弹出信息所依附的对象可以是图片、链接、AP 元素等，但不能是普通的文本。若要为文本添加弹出信息行为，必须先为文本添加一个空链接，然后为其添加行为。

为普通文本添加空链接的方法，是直接在属性面板中的"链接"文本框中输入 javascript; 或#。

【例 5-2】为文本添加"弹出信息"行为。

下面我们为图 5-5 中网页中的 Macromedia 制作一个弹出信息，对 Macromedia 公司做一个简单的介绍，当鼠标移到 Macromedia 字样上时，显示这个介绍。操作步骤如下：

（1）在网页中选中 Macromedia，在属性面板的"链接"文本框中输入一个#后按【Enter】键，制作成空链接，如图 5-8 所示。

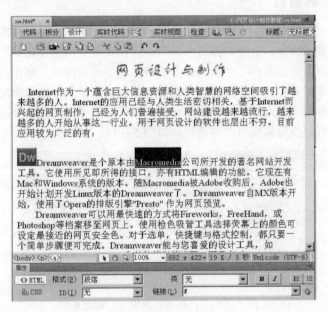

图 5-8　制作文本空链接

（2）单击行为面板中的"添加行为"按钮，从弹出的菜单中选择"弹出信息"，打开"弹出信息"对话框，并输入 Macromedia 简介，如图 5-9 所示。

（3）单击"确定"按钮后，可以看到行为面板中添加一个事件"onClick"，如图 5-10 所示。

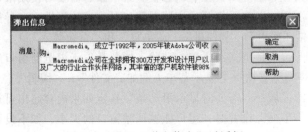

图 5-9　设置"弹出信息"对话框　　　　图 5-10　添加弹出信息行为

（4）单击该事件右侧的下三角按钮，在弹出的下拉菜单中选择 onMouseOver，使得弹出信息的执行时机是在鼠标指针移动到文字上时，而不是单击文字时。

（5）保存文件后浏览，将光标移到标题文字上即可弹出信息，如图 5-11 所示。

图 5-11 "弹出信息"效果

注意：弹出信息的外观是无法控制的，它取决于访问者的浏览器。如果希望对消息的外观进行更多的控制，可考虑使用"打开浏览器窗口"行为。

5.3.3　打开浏览器窗口

在刚进入一些网站的时候，有时会弹出一个小窗口，用于显示一些注意事项、版权信息、警告、公告等特别提示信息。这样的弹出小窗口，是在"打开浏览器窗口"对话框中实现的。

在制作弹出窗口前要先制作一个用于在弹出窗口中显示的网页。制作的弹出窗口如果是载入网页时弹出，则在网页空白处单击；如果是为链接文本或是图片制作弹出窗口，则选中链接文本或图片。然后单击行为面板中的"添加行为"按钮，从弹出的菜单中选择"打开浏览器窗口"命令，弹出"打开浏览器窗口"对话框，如图 5-12 所示。

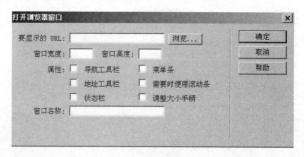

图 5-12 "打开浏览器窗口"对话框

其中各选项说明如下：

- "要显示的 URL"：在弹出窗口中显示的网页文件名，单击"浏览"按钮来选择，也可以直接输入。
- "窗口高度"和"窗口宽度"：分别为弹出窗口的宽度和高度，单位是像素。
- "属性"选项组：包括导航工具栏、地址工具栏、状态栏、菜单条、需要时使用滚动条和调整大小手柄 6 项，如果打上"√"表示打开的浏览器窗口具有这项属性。"导航工具栏"是一行浏览器按钮（包括"后退"、"前进"、"主页"和"重新载入"）；"地址工具栏"是一行浏览器选项（包括地址文本框）；"状态栏"是位于浏览器窗口底部的消息显示区域；"菜单栏"是浏览器窗口上显示菜单（例如"文件"、"编辑"、"查看"、"转到"和"帮助"）的区域；"需要时显示滚动条"指定如果内容超出可视区域应该显示滚动条；"调整大小手柄"设置时，用户能够调整窗口的大小，如不设置此选项，则调整大小控件将不可用，右下角也不能拖动。

- ● "窗口名称"：是新窗口的名称。如果通过 JavaScript 使用链接指向新窗口或控制新窗口，则应该对新窗口进行命名。此名称不能包含空格或特殊字符。只弹出一个窗口时可不填；若要同时弹出多个窗口，则窗口的名称必须填，且不能重名。

注意：如果不指定该窗口的任何属性，在打开时它的大小和属性与打开其他的窗口相同。

要是想在打开网页时弹出窗口，则触发"打开浏览器窗口"行为的事件应为 onLoad；若要在单击（或鼠标移至）某超链接或是图片上时弹出窗口，则触发动作事件应为 onClick（或onMouseOver）。除此之外，用户还可以设置当访问者离开网页时弹出一个小窗口，用于显示"欢迎下次再来！"等用语，此时所用的事件为 onUnload。

【例 5-3】为文本添加"打开浏览器窗口"行为。

将例 5-2 中的弹出信息改为用浏览器窗口显示。操作步骤如下：

（1）制作一个网页，文件名为 Macromedia.html，内容为 Macromedia 简介。

（2）在网页中为文本"Macromedia"制作空链接。

（3）单击行为面板"添加行为"按钮，从弹出的菜单中选择"打开浏览器窗口"命令，弹出"打开浏览器窗口"对话框。设置"要显示的 URL"为 Macromedia.html，窗口宽度和高度分别为 400、300，如图 5-13 所示。

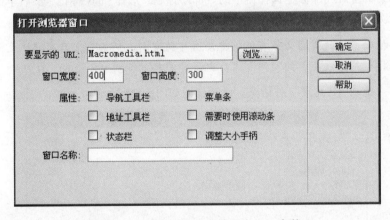

图 5-13　设置"打开浏览器窗口"参数

（4）选取事件为"onClick"事件。

（5）确定后浏览，当鼠标移到 Macromedia 上时，会弹出显示 Macromedia 简介的窗口。

注意：由于 IE7 浏览器采用了选项卡方式浏览网页，故本效果在 IE7 浏览器中需要 d "Internet 选项"对话框中"常规"选项卡中单击"选项卡"区域的"设置"按钮，取消选中"启用选项卡浏览"复选框，方可出现效果。

5.3.4　拖动 AP 元素

拖动 AP 元素行为允许访问者在浏览器窗口中拖动 AP 元素的位置，以此创建拼图游戏、滑块控件和其他可移动的界面元素。

因为在访问者可以拖动 AP 元素之前必须先调用"拖动 AP 元素"行为，所以要使触发该行为的事件发生在访问者试图拖动 AP 元素之前。一般使用 onLoad 事件将"拖动 AP 元素"附加到 body 对象上，不过也可以使用 onMouseOver 事件将它附加到填满整个层的链接上。

【例 5-4】制作一个可以在页面上拖动图片的网页。

拖动图片的效果，是通过"拖动"行为实现的，必须在页面中加入 AP 元素，将图片放入 AP 元素中，才能拖动。操作步骤如下：

（1）执行"插入"→"布局对象"→"AP Div"菜单命令，在网页中插入了一个 AP 元素（元素 ID 为 apDiv1），并在其中插入一个图片，如图 5-14 所示。

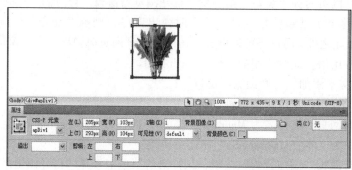

图 5-14　插入图片到 AP 元素中

（2）单击编辑窗口底部标签选择器中的<body>标签，选择 body 标记，然后单击按行为面板中的"添加行为"按钮，并从弹出的行为菜单中选择"拖动 AP 元素"命令。

注意：要拖动图片的页面必须有能够拖动图片的空间，例如一个只有 AP 元素而没有其他内容（连一个换行符也没有）的空网页上，就不能添加"拖动 AP 元素"行为。

（3）弹出"拖动 AP 元素"对话框。设置选项如图 5-15 所示。

图 5-15　设置"拖动 AP 元素"

其中各选项意义如下：

- "AP 元素"：选择要使其可拖动的层，它会自动列出本页中添加的所有 AP 元素。
- "移动"：有两个选项"限制"或"不限制"。如果选择"不限制"：则表示访问者可以随意拖到该层。 如选择"限制"：则会在右侧出现上下左右四个文本框，要求输入边界限制（以像素为单位）。
- "放下目标"：是一个坐标点，想要访问者将 AP 元素拖动到该点上。当 AP 元素的左坐标和上坐标与在"左"和"上"文本框中输入的值匹配时便认为 AP 元素已经到达拖放目标。这些值是与浏览器窗口的左上角相对的（以像素为单位）。"取得当前位置"按钮表示获取该 AP 元素的当前坐标。
- "靠齐距离"：确定访问者将层靠齐到目标点的范围，较大的值可以使访问者较容易找到拖放目标点（以像素为单位）。

（4）从行为面板选取事件 onLoad，结果如图 5-16 所示。

（5）保存页面浏览，即可在页面上拖动图片。

5.3.5　改变属性

"改变属性"行为，是让用户者可以在浏览网页时更改对象的属性，例如改变文字颜色、字体、大小，改变 AP 元素的背景颜色，等等。

图 5-16　选择"onLoad"事件

【例 5-5】网页浏览中改变文字颜色。

在网页中放置"变色文字"，当鼠标移到文字上时，文字变成红色。操作步骤如下：

（1）在网页中插入一个 AP 元素，并在其中输入文字"变色文字"，如图 5-17 所示。

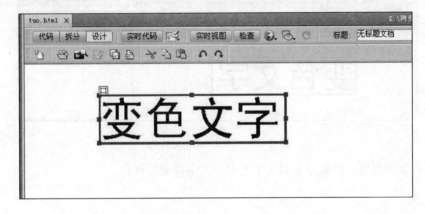

图 5-17　在 AP 元素中输入文字

（2）选中 AP 元素，在行为面板中单击"添加行为"按钮，从弹出的菜单中选择"改变属性"命令，打开"改变属性"对话框。

（3）从"元素类型"中选择 DIV，从"元素 ID"中选择 DIV "apDiv1"选项，从"属性"中选择 color，在"新的值"中输入#ff0000（红色），单击"确定"按钮，如图 5-18 所示。

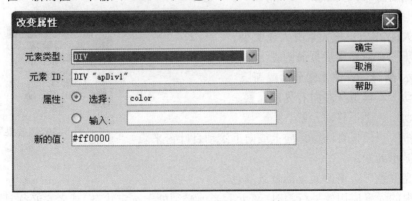

图 5-18　"改变属性"对话框

其中各选项意义如下：

- "元素类型"：从该下拉列表框中选择控制对象，也就是要改变属性的对象。用户可设置的对象标记有 DIV、SPAN(用于文本)、P、TR、TD、IMG、FORM、INPUT/CHECKBOX、INPUT/RADIO 等。
- "元素 ID"：从该下拉列表框中选择事先定义好的对象。选择对象的原因在于确定行为调用的 JavaScript 程序要施加在哪一个对象上，因此在打开该对话框前，必须为对象设置一个能唯一识别该对象的 ID。
- "属性"：可以选择一个属性，也可以输入属性名称。
- "新的值"：在文本框中输入改变后的新值。

（4）从行为面板中选取事件为 onMouseOver，结果如图 5-19 所示。

图 5-19 选择 onClick 行为

（5）保存页面浏览，当鼠标移到文字上时，文字即变为红色。

5.3.6 效果

"效果"是视觉增强功能，通常用于在一段时间内高亮显示信息，或创建动画过渡，如渐隐、收缩、卷帘、挤压、晃动等。可以组合两个或多个行为来创建有趣的视觉效果。

Dreamweaver CS5 内置行为中包括"增大/收缩"、"挤压"、"显示/渐隐"、"晃动"、"滑动"、"遮帘"和"高亮颜色"等七种效果行为，如图 5-20 所示。

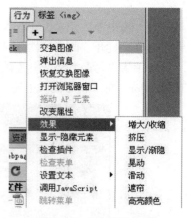

图 5-20 "效果"行为

- "增大/收缩"：使元素变大或变小。
- "挤压"：使元素从页面的左上角消失。
- "显示/渐隐"：使元素显示或渐隐。
- "晃动"：模拟从左向右晃动元素。
- "滑动"：上下移动元素。
- "遮帘"：模拟百叶窗，向上或向下滚动百叶窗来隐藏或显示元素。
- "高亮颜色"：更改元素的背景颜色。

为网页中的元素应用效果行为时，该元素当前必须处于选定状态，或者它必须具有一个 ID。例如，如果要向当前未选定的 div 标记应用高亮显示效果，该 div 必须具有一个有效的 ID（ID 可在属性面板中设置）。

【例 5-6】制作渐隐图片。

在网页中放置一张图片，当鼠标移到图片上时，图片渐渐消失，鼠标移开时，图片逐渐显示出来。

操作步骤如下：

（1）在网页中插入一张图片，并在属性面板中为其设置 ID 为 img1，如图 5-21 所示。

图 5-21　在网页中加入图片

（2）选中图片，在行为面板中单击"添加行为"按钮，从弹出的菜单中选择"效果"→"显示/渐隐"命令，弹出"显示/渐隐"效果设置对话框。

（3）从"目标元素"下拉列表框中选择 img"img1"，输入效果持续时间为 1000 毫秒，从"效果"下拉列表框中选择"渐隐"，输入渐隐程度自 100%到 0%，完成后单击"确定"按钮，设置对话框如图 5-22 所示。

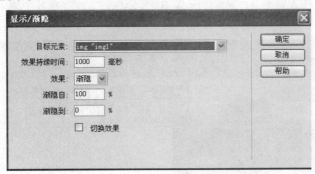

图 5-22　设置"渐隐"效果

（4）从行为面板中选取"渐隐"行为的触发事件为 onMouseOver。

（5）重复第（2）到（4）步，再为该图片添加一个"显示"效果行为，自 0%显示到 100%，设置如图 5-23 所示。

（6）从行为面板中选取"显示"行为的触发事件为 onMouseOut。单击"确定"按钮后，行为面板如图 5-24 所示。

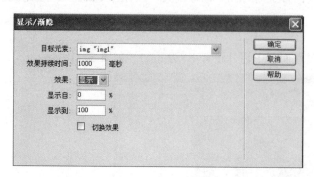

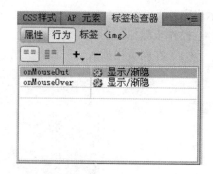

图 5-23　设置"显示"效果　　　　　　　图 5-24　设置"显示/渐隐"行为面板

（7）保存页面浏览，鼠标在图片附近移动，即可看到"显示/渐隐"效果。

注意：使用效果时，系统会在"代码"视图中将不同的代码行添加到您的文件中。其中的代码：

`<script src="SpryAssets/SpryEffects.js" type="text/javascript"></script>`

是用来标识 SpryEffects.js 文件，该文件是包括这些效果所必需的。所以这行代码不能删除，否则这些效果将不起作用。

5.3.7　显示－隐藏元素

"显示－隐藏元素"行为用于显示或隐藏一个或多个 AP 元素。通常用于显示元素的详细说明等信息。例如，鼠标指针滑过一个图像时，显示有关该图像的介绍。

【例 5-7】制作图像说明。

在网页中放置一张图片，单击时，显示该图片的详细说明。双击时，文字说明消失。操作步骤如下：

（1）在网页中插入一张图片。

（2）在图片附近插入一个 AP 元素（元素 ID 为 apDiv3），并在其中输入一段说明文字，如图 5-25 所示。

图 5-25　插入 AP 元素并输入文字

（3）选中图片，在行为面板中单击"添加行为"按钮，从弹出的菜单中选择"显示－隐藏元素"命令，弹出"显示－隐藏元素"对话框，选中 div"apDiv3"，并单击"隐藏"按钮，如图 5-26 所示。

对话框中的"显示"按钮表示显示元素，"隐藏"按钮表示隐藏该元素，"默认"按钮表示恢复元素的默认可见性。

（4）选定隐藏行为的触发事件为 onClick。

（5）再添加一个"显示－隐藏元素"行为，在"显示－隐藏元素"对话框中选中 div"apDiv3"，并单击"显示"按钮。

（6）选定显示行为的触发事件为 onDblClick。效果如图 5-27 所示。

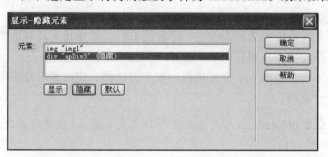

图 5-26　"显示－隐藏元素"对话框

图 5-27　设置 onDblClick 行为

（7）保存浏览网页，当鼠标单击图片时，说明文字消失，双击时，显示文字说明。

5.3.8　检查插件

随着网络的飞速发展，上网人数越来越多，网络越来越拥挤。为了加快网页的浏览速度，在网页中应尽量少用大图片和复杂的动画，而应用 Flash 制作的动画体积小，但是需要 Macromedia Flash Player 插件的支持才能播放。

制作一个网站应充分考虑到用户使用的便捷性，即网页中插入了 Flash 动画，应自动查找用户是否安装了 Macromedia Flash Player，查找到后自动播放 Flash 动画，未找到就提示用户安装。而应用"检查插件"行为即可轻松完成这项工作。

在附加检查插件行为时，除附加行为的网页外，还要事先制作两个网页，一个是支持 Flash 插件的网页（命名为 flashpage.html），另一个是不支持插件的网页（命名为 noflashpage.html）。

附加行为时，将光标置于网页的空白位置处，然后单击行为面板中的"添加行为"按钮，从弹出的菜单中选择"检查插件"命令，弹出"检查插件"对话框，如图 5-28 所示。

图 5-28　"检查插件"对话框

在"如果有，转到 URL"文本框中填支持 Flash 插件的网页的文件名，在"否则，转到 URL"文本框中填不支持 Flash 插件的网页的文件名（即该网页不含有 Flash 动画），单击"确定"按钮。

对话框中各选项意义如下：

- "插件"：选择要检测哪一种插件，检查插件行为不光是检测 Flash 插件，还可以检测其他插件。
- "选择"： 选择它提供的几种插件选项，一般常用的有 Flash、Shockwave、 LiveAudio、Quick Time 和 Windows Media Player 等。
- "输入"：直接输入"选择"下拉列表框中没有列出的插件，一般很少用。
- "如果有，转到 URL"：为具有该插件的访问者指定一个 URL。若要让具有插件的访问者留在同一页上，可将此文本框留空。
- "否则，转到 URL"：为不具有该插件的访问者指定一个替代 URL。若要让不具有该插件的访问者留在同一页上，可将此文本框留空。
- "如果无法检测，则始终转到第一个 URL"：此复选框一般不要选择，它的意思是如果不能进行插件检查就进入第一个页面。

注意：触发检查插件行为的事件应为 onLoad，附加行为后若事件不是 onLoad 应进行修改；否则网页就不具有自动检测 Flash 插件的功能。

如要检查多个不同的插件，如 Flash 和 Shockwave 插件，只需在网页中再添加多个检查插件行为，只是要将检测的插件相应地设为 Flash 或 Shockwave。

5.3.9 检查表单

使用"检查表单"行为可检查指定输入域的内容以确保用户输入了正确的数据类型。可使用 onBlur 事件将此行为分别附加到各个输入域，在用户填写表单时对域进行检查；或使用 onSubmit 事件将其附加到表单，在用户单击"提交"按钮时同时对多个输入域进行检查。将此行为附加到表单，可防止表单提交到服务器后任何指定的输入域中包含无效的数据。

【例 5-8】制作检测电子邮件地址的输入是否正确的行为。

假设有图 5-29 所示的网页（表单的制作方法见第 6 章），要求在用户浏览时，检查其输入的电子邮件地址是否正确。

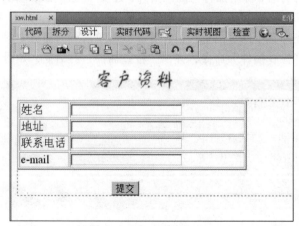

图 5-29　待检查的表单

操作步骤如下：

（1）在"文档"窗口左下角的标签选择器中单击<form>，选中<form>标记。

（2）在行为面板中单击"添加行为"按钮，并从弹出菜单中选择"检查表单"命令，弹出"检查表单"对话框。

（3）选中附加行为的对象（input "email"），从"可接受"选项区域中选择"电子邮件地址"单选按钮，如图 5-30 所示。

其中各选项说明如下：

- 值：必需的表示访问者必须输入数据。
- 任何东西：表示访问者输入的数据没有任何限制。
- 电子邮件地址：表示访问者输入的数据必须为合法的电子邮件地址格式。
- 数字：表示访问者输入的数据只能为 0～9 的数字。
- 数字从　到　：指定输入的数值范围。

（4）单击"确定"按钮，行为面板中出现检查表单行为，触发事件为 onSubmit，如图 5-31 所示。

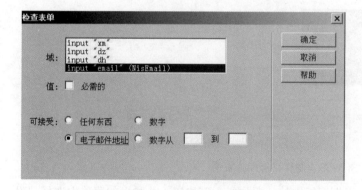

图 5-30　"检查表单"对话框

图 5-31　添加检查表单行为

（5）保存网页浏览，如果访问者输入的数据不是正确的电子邮件地址，则在单击"提交"按钮时弹出警告对话框，如图 5-32 所示。

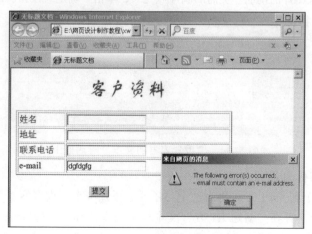

图 5-32　输入数据格式错误警告

5.3.10　设置文本

设置文本中有四个行为，为设置容器文本、设置文本域文本、设置框架文本、设置状态栏文本，下面分别介绍。

1. 设置容器文本

"设置容器文本"行为以用户指定的内容替换页面上某个容器的内容和格式。

下面制作一个动态图片说明的实例，来介绍"设置容器文本"行为的应用。

动态图片说明的效果：当鼠标移到图片上时说明信息会替换图片，鼠标移开时重新显示图片。操作步骤如下：

（1）在网页中插入一个 AP 元素（作为容器），再在其中插入一张图片。设置 AP 元素大小与图片相同，并设置 AP 元素的背景为淡绿色。设置情况如图 5-33 所示。

图 5-33　制作动态图片说明

（2）保持层为选中状态，单击行为面板中的"添加行为"按钮，从弹出的菜单中选择"设置文本"→"设置容器文本"命令。

（3）弹出"设置容器的文本"对话框，在该对话框中选择容器 div "ap Div1"，并在"新建 HTML"文本框中输入图片的说明"美丽的漓江风光"，单击"确定"按钮。设置如图 5-34 所示。

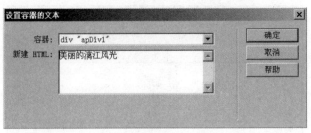

图 5-34　"设置容器的文本"对话框 1

（4）选定触发事件为 onMouseOver。

（5）重复第（2）到（4）步，再为这个 AP 元素添加一个"设置容器文本"行为。在该对话框中选择层 Layer1，并在"新建 HTML"文本框中输入"<img src="image/lj.jpg" width="251" height="185" />"内容，并设置 onMouseOut 事件。其中"src=" image/lj.jpg""为图片的路径，如图 5-35 所示。

（6）选定触发事件为 onMouseOut。完成后的"行为"面板如图 5-36 所示。

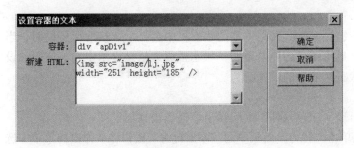

图 5-35　"设置容器的文本"对话框 2　　　　　　　图 5-36　行为面板

（7）保存文件，浏览效果如图 5-37 所示。

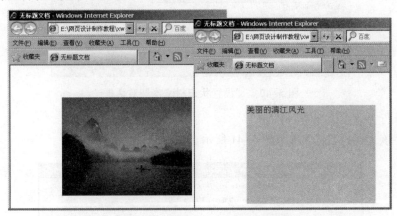

图 5-37　动态图片说明浏览效果

2．设置文本域文字

使用"设置文本域文字"行为可以用户指定的内容替换表单文本域的内容。

【例 5-9】设置文本域文字。

设置文本域文字，使网页浏览时，单击文本域可使其文字变成数字。具体操作的步骤如下：

（1）在网页中插入一个文本域，设置 ID 为 text1，并输入初始文字，如图 5-38 所示。

（2）选中文本域，按添加行为按钮，并选择"设置文本"→"设置文本域文字"命令，弹出"设置文本域文字"对话框，从"文本框"下拉列表中选择目标文本域（text1），在"新建文本"文本框中输入新文本（123456789），然后单击"确定"按钮，如图 5-39 所示。

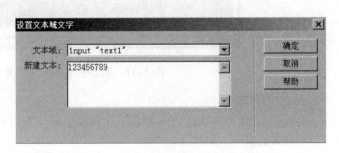

图 5-38　建立文本域　　　　　　　　图 5-39　"设置文本域文字"对话框

（3）设置触发事件为 onClick。保存该文档后浏览，单击文本域即可令文字变为数字。

3．设置状态栏文本

许多网站的网页当鼠标移到超链接上时，在浏览器的状态栏中会显示链接的简要说明；当鼠标移至图片上时，在状态栏中会显示图片的简要说明，状态栏成为信息提示中心。使用"设置状态栏文本"行为可轻松完成状态栏信息的设置行为。

【例 5-10】设置状态栏文本。

本例实现打开网页在状态栏出现"欢迎光临"的问候语，操作步骤如下：

（1）不用选择任何对象，直接单击"行为"面板中的"添加行为"按钮，从弹出的菜单中选择"设置文本"→"设置状态栏文本"命令，弹出"设置状态栏文本"对话框，如图 5-40 所示。

图 5-40　"设置状态栏文本"对话框

（2）选择行为触发事件为 onLoad。

（3）保存该文档，浏览效果如图 5-41 所示。

图 5-41　状态栏中显示设置文本

4．设置框架文本

"设置框架文本"行为允许用户动态设置框架的文本内容，并以用户指定的内容替换框架的内容和格式设置。

"设置框架文本"需要制作框架，本书不做详细介绍。

5.3.11　调用 JavaScript

"调用 JavaScript"行为允许用户使用"行为"面板指定当发生某个事件时执行的 JavaScript 代码，此行为需要用户对 JavaScript 比较熟悉。

【例 5-11】调用 JavaScript 来关闭当前页面。

本例实现单击文字链接时，关闭当前页面的功能，操作步骤如下：

（1）在网页中选择一个对象，如文字"关闭当前网页"，并为其建立空链接。

（2）在行为面板中单击"添加行为"按钮，并选择"调用 JavaScript"行为，如图 5-42 所示。

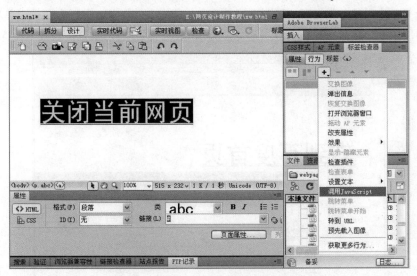

图 5-42　选择"调用 JavaScript"行为

（3）在打开的"调用 JavaScript"对话框中输入：window.close()，表示关闭窗口的作用，如图 5-43 所示。

（4）单击"确定"按钮退出对话框。并确认其触发事件值为 OnClick，如图 5-44 所示。

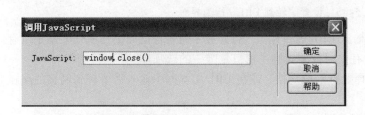

图 5-43　输入 JavaScript 代码

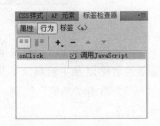

图 5-44　选择"onClick"事件

（5）保存页面并浏览，然后单击"关闭当前网页"链接，网页即被关闭。

5.3.12　跳转菜单

跳转菜单是网页内的弹出菜单，菜单中列出链接到网页或文件的选项，单击后可以跳转。可以创建到 Web 站点内的链接，也可以创建到其他 Web 站点的链接，或电子邮件链接、下载文件链接等。

当使用"插入"→"表单"→"跳转菜单"命令创建跳转菜单时，Dreamweaver 会自动创建一个菜单对象并向其添加一个"跳转菜单"行为。通常不需要手动将跳转菜单行为添加到对象。在第 6 章我们会介绍创建跳转菜单的操作。

5.3.13　转到 URL

使用"转到 URL"行为可在当前窗口或指定的框架中打开一个新页。此操作尤其适用于通过一次单击更改两个或多个框架的内容。

制作"转到 URL"行为的操作步骤如下：

（1）选择一个对象，如文字"转到百度首页"（建立空链接），在行为面板中单击添加行为按钮，从弹出菜单中选择"转到 URL"命令，弹出"转到 URL"对话框，设置如图 5-45 所示。

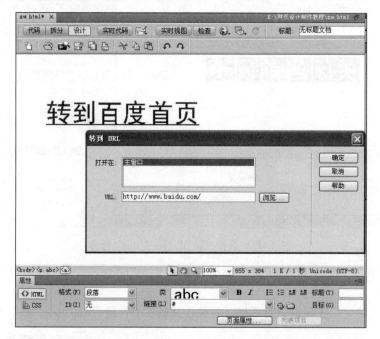

图 5-45　设置"转到 URL"行为界面

（2）在"打开在"列表框中输入 URL 的目标。"打开在"列表自动列出当前框架集中所有框架的名称以及主窗口。如果没有任何框架，则主窗口是唯一的选项。

（3）单击"浏览"按钮，选择要打开的文档，或在 URL 文本框中输入需要转到网页的路径和文件名。

（4）单击"确定"按钮，保存并浏览网页，单击文字链接，即可看到跳转效果。

5.3.14　预先载入图像

使用"预先载入图像"行为可以将不会立即出现在网页上的图像（例如那些将通过行为或 JavaScript 换入的图像）载入浏览器缓存中。这样可防止当图像应该出现时由于下载而导致延迟。

注意：当用户在"交换图像"对话框中选择"预先载入图像"选项时，会自动添加"预先载入图像"行为。

使用"预先载入图像"行为的操作步骤如下：

（1）在"行为"面板中单击添加行为按钮，在弹出的菜单中选择"预先载入图像"命令，进入"预先载入图像"对话框，如图 5-46 所示。

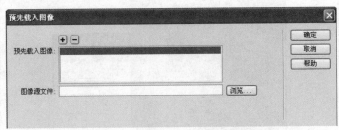

图 5-46　"预先载入图像"对话框

（2）单击对话框中的"浏览"按钮，选择要预先载入的图像文件，或在"图像源文件"文本框中输入图像的路径和文件名。

（3）单击对话框顶部的 + 按钮将图像添加到"预先载入图像"列表中。若要从"预先载入图像"列表中删除某个图像，则在列表中选择该图像，然后单击 − 按钮。

（4）单击"确定"按钮完成行为制作。

5.3.15　获得更多的行为

如果想使用 Dreamweaver 以外的行为，则可下载和安装第三方行为插件。Dreamweaver 为精通 JavaScript 语言的用户提供编写自己的对象、行为、命令和属性检查器的机会。

单击"行为"面板中的"添加行为"按钮，选择"获取更多行为"命令，就会自动打开浏览器并连接 Internet，在出现的网站上可以找到许多行为，下载所选择的行为文件。将文件放在 Dreamweaver 应用程序文件夹中的 Configuration/Behaviors/Actions 文件夹下，然后重新启动 Dreamweaver，就会在行为控制器中找到新加入的行为。

习　题　五

1. 制作一个网页，含有下列特效元素：

（1）交换图像；

（2）能弹出信息的图像和文字；

（3）动态图片说明；

（4）在状态栏显示说明信息的图像；

（5）能发出声音的按钮；

（6）能弹出菜单的图片。

2. 制作一个网页，在进入该网页时，首先打开一个显示广告的窗口。

3. 制作一个含有表格的网页，当鼠标移到表格中的某一单元格时，该单元格的背景即变为蓝色，鼠标移开后复原。

4. 制作一个可以在网页中任意拖动图片位置的网页。

5. 利用"弹出信息"行为制作一个实例，当访问者单击图片时，立即出现如图 5-47 所示的效果。

图 5-47　弹出消息提示界面

6. 利用"拖到层"行为，制作一个拼图游戏。效果如图 5-48 所示。

拼图游戏

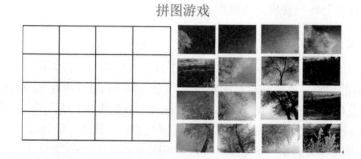

图 5-48　拼图游戏界面

7. 制作一种图片广告，当鼠标经过一个位置的时候，弹出广告，广告上有一个关闭按钮（或符号），单击广告上的关闭按钮，就可以关闭广告。

第6章 表单制作

表单是网站管理者与浏览者沟通的纽带，是一个网站成功与否的关键。有了表单，网站不仅仅是"信息提供者"，也是"信息收集者"。通过表单，网站可以收集到网络客户端的信息，经过服务器处理后再返回信息给用户。表单通常用来做用户登录、留言簿、网上报名、产品订单、网上调查及搜索界面等。本章主要介绍表单的制作方法，制作表单的要素——表单对象。

本章内容包括：

- 表单的制作。
- 表单对象。
- Spry 验证构件。

6.1 表单的制作

1. 表单的概念

在 Dreamweaver 中，表单是作为一个容器，一个表单中包含若干个表单对象，如文本域、按钮、复选框、下拉菜单等。图 6-1 所示的会员注册表页面，主体就是用一个表单制作的。

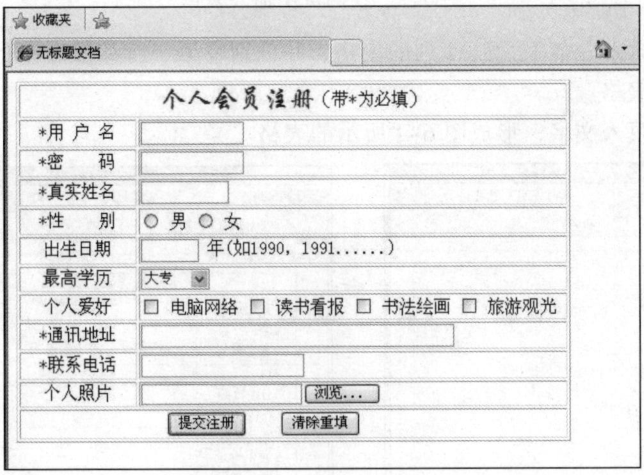

图 6-1 会员注册页面

其中，包含"文本域"、"按钮"、"复选框"、"列表/菜单"等。每个表单中包含的表单元素可根据需要设置，但至少要包含一个"提交"按钮，当浏览者将信息输入表单并单击"提交"按钮时，信息才被发送到 Web 服务器。

表单有两个重要的组成部分：表单对象和表单处理程序。

（1）表单对象。表单对象是用于输入数据的元素，如上面提到的"文本域"、"按钮"、"复选框"、"列表/菜单"等。

（2）表单处理程序。表单处理程序就是用于处理输入数据的服务器程序。表单（里的数据）被"提交"到服务器后，就由事先编好的表单处理程序来处理，然后服务器再将处理结果传回浏览者的计算机中，就是结果画面。由于表单的处理需要编程序（一般用 JSP、ASP、PHP 等编写表单处理程序），超出本书范围，所以本书中只介绍表单如何制作，不介绍表单如何处理。

2．创建表单

由于将表单中输入的数据发送到服务器时是以整个表单为单位进行的，单个表单对象中的数据无法发送。所以向网页中加入表单对象前，必须先在网页中插入（空白）表单。

【例 6-1】制作个人会员注册表单。

我们要制作图 6-1 所示的表单页面，可以先在页面上插入一个（空白）表单，然后制作表格，并在表格中输入文字提示，最后再加入用于浏览时输入数据的表单对象。具体操作步骤如下：

（1）执行"插入"→"表单"→"表单"菜单命令，在页面中插入一个表单（作为容器），在设计视图中，表单用红色虚轮廓线表示（网页浏览时不显示），如图 6-2 所示。如果没有见红色轮廓线，可执行"查看"→"可视化助理"→"不可见元素"菜单命令将其显示出来。

图 6-2　在网页中加入表单

（2）在表单中插入一个 12 行、2 列的表格，并分别将第一行和最后一行合并单元格，形成图 6-3 所示的空白表格。

（3）在表格中填入文字，形成图 6-4 所示的表格。

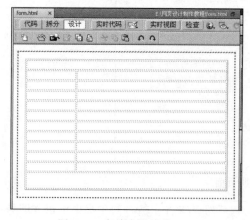

图 6-3　表单中的表格

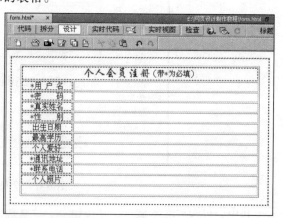

图 6-4　在表格中填入文字

（4）在表格中（当然也在表单中）合适的位置插入相应表单对象，形成图 6-1 所示的表格。

在网页中创建表单，一般先插入表单，然后加入表单对象。如果未插入表单而直接插入表单对象，Dreamweaver 会提示你是否加入表单。

3. 设置表单属性

表单创建后，可以开始为其设置属性。要设置属性就必须先选中表单，选择表单的方法有两种：一种是通过单击该表单轮廓选中表单；另一种是从文档窗口左下角的标签选择器中选择"<form>"标签。选中表单后，表单的属性面板如图 6-5 所示。

图 6-5　表单属性面板

其中各选项的含义如下：

（1）表单 ID：设置标识表单的唯一名称。命名表单后，可以使用脚本语言（如 JavaScript 或 VBScript）引用或控制该表单。如果不命名表单，则系统会自动为表单命名 formX（X 为数字序列），如 form1，用户每向页面中添加一个表单，X 值自动加 1。

（2）动作：指定表单处理程序的文件名或路径。用户可在文本框中直接输入完整路径，也可通过单击文件夹图标 进行定位查找。

（3）方法：设置表单数据传输到服务器的方法，分为默认、GET 和 POST 三种。

- "默认"：使用浏览器的默认设置将表单数据发送到服务器。通常，默认方法为 GET 方法。
- GET：将值追加到请求该页的 URL 中。
- POST：在 HTTP 请求中嵌入表单数据。

选择数据传送方式时，一般不要使用 GET 方法发送长表单，原因在于：URL 的长度限制在 8192 个字符以内，如果发送的数据量太大，数据将被截断，可能导致意外或处理失败的结果。除此以外，在发送机密用户名和密码、银行账号等信息时，也不要使用 GET 方法。

（4）编码类型：指定对提交给服务器进行处理的数据使用编码类型。如果要创建文件上传域，应指定为 multipart/form-data 类型。

（5）目标：指定一个窗口，并在该窗口中显示调用程序返回的数据。

目标值有以下几种：

- _bank，在新的窗口中打开目标文档。
- _parent，在显示当前文档的窗口的父窗口中打开目标文档。
- _self，在提交表单所使用的窗口中打开目标文档。
- _top，在当前窗口的窗体内打开目标文档。可用于确保目标文档占用整个窗口，即使原始文档显示在框架中。

（6）类：为表单对象应用一个已有的 CSS 样式。

6.2　表 单 对 象

表单只是一个容器，表单中可以放置文本域、单选按钮、复选框、列表/菜单、按钮以及 Spry 验证文本域、Spry 验证复选框等用于数据输入或验证的对象，统称为表单对象。表单对象才是实际用于数据输入和处理的元素。

Dreamweaver CS5 的表单对象有文本域、文本区域、单选按钮、复选框、列表/菜单、跳转菜单、图像域、文件域、隐藏域、字段集、标签、按钮以及 Spry 验证文本域、Spry 验证文本区域、Spry 验证复选框和 Spry 验证选择等 21 种，如图 6-6 所示。

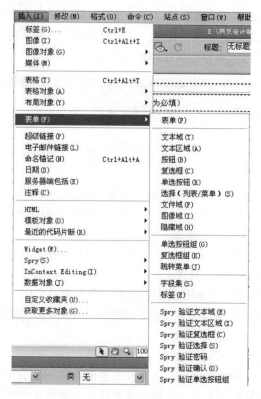

图 6-6　表单对象

6.2.1　文本域/文本区域

文本区域与文本域的属性几乎相同，唯一不同的是插入时显示的状态。文本域未设置属性时以单行状态显示，而文本域未设置属性前以多行状态显示。

1. 创建文本域

文本域是一个接受文本信息的空白框。在文本框中几乎可以容纳任何类型的文本数据，使用它可以使网页设计师不必限制访问者提交的内容。在网页中，常见的文本域有以下 3 种类型：

（1）单行文本域：该类型只能用来输入一行的信息，通常提供单字或短语响应，如姓名或地址。

（2）多行文本域：该类型可以输入多行的信息，为访问者提供一个输入响应较大的区域。设计者可以指定访问者最多可输入的行数及对象的字符宽度，如果输入的文本超过这些设置，则该域将按照换行属性中指定的设置进行滚动。

（3）密码文本域：该类型比较特殊，当用户在域中输入时，所输入的文本会换为星号域项目符号，以隐藏该文本，保护这些信息。

单行文本域、多行文本域和密码文本域 3 种文本域类型，如图 6-7 所示。

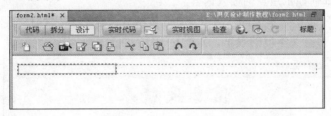

图 6-7　3 种文本域

插入文本域的方法是：执行"插入"→"表单"→"文本域"菜单命令，一个文本域即出现在文档中，如图 6-8 所示。

图 6-8　插入文本域

然后，可以在文本域的属性面板中来指定文本域的类型及其他属性。若要在页面中为为文本域添加标签，在该文本域旁边单击，然后输入标签文字即可。

2．设置文本域的属性

当在文档中插入一个基本的文本域后，此文本域的类型默认为单行文本域。若需要插入的是一个多行文本域或密码文本域，需要在文本域的属性面板中指定所需的类型。

文本域属性面板如图 6-9 所示。

图 6-9　文本域属性面板

其中各选项说明如下：

- 文本域：为文本域设置一个名称，所输入的文本域必须是该表单内唯一标识。表单对象名称不能包含空格或特殊字符，可以使用字母数字字符和下画线的任意组合。
- 字符宽度：设置文本域中最多可显示的字符数。此数字可以小于在"最多字符数"文本框中设置的数值。例如，如果"字符宽度"文本框中设置为 20（默认值），而用户输入 100 个字符，则该文本框中只能看到其中的 20 个字符。

提示：虽然无法在该域中看到这些字符，但域对象可以识别它们，而且它们会被发送到服务器进行处理。

- 最多字符数：指定在单行文本域中最多可以输入的字符数。例如，可使用"最多字符数"将邮政编码限制为 5 位数，将密码限制为 10 个字符，等等。如果将此文本框保留为空白，则用户可以输入任意数量的文本；如果文本超过域的字符宽度，文本将滚动显示；如果用户输入超过最大字符数，则表单会发出警告。
- 类型：所创建的文本域的类型。
- 初始值：指定表单在首次载入时文本框中显示的值。在用户浏览器中首次载入此表单时，文本域中将显示此文本。例如，通过包含说明或示例值，可以指示用户在域中输入信息。

● 类：为表单对象应用一个已有的 CSS 样式。

如在"类型"中选择"多行"单选按钮，则属性面板中的"最多字符数"文本框换成了"行数"文本框，并且多出了一个"换行"下拉列表框。

"行数"文本框用于设置多行文本域的域高度，即可输入字段的行数。"换行"下拉列表框则主要用于设置用户输入信息的显示方式，即当用户输入的信息太多，无法在定义的文本内全部显示出来时，如何显示用户的输入内容。

【例6-2】新创一个"表单.html"网页，打开该网页，创建一个含有"姓名"单行文本域与"您所喜欢的栏目"多行文本域的表单，如图6-10所示。

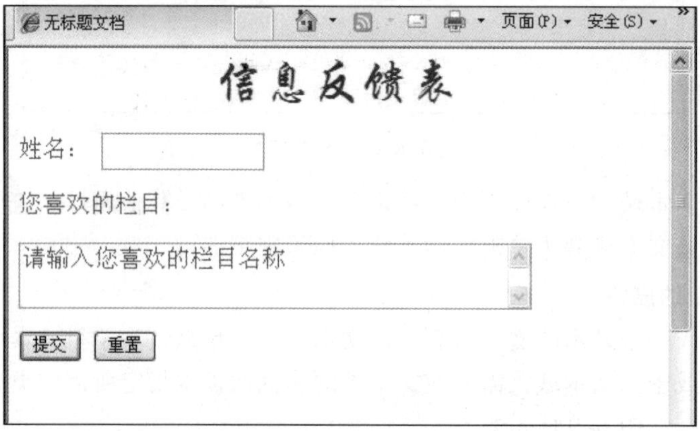

图 6-10　信息反馈表

要求：表单标题的文本属性为：字体为华文行楷，字号为 36 号，颜色为#990099。

表单对象前的标签文本及表单对象属性为：字体为华文仿宋，字号为 18 号，颜色代码为#9933CC。

操作步骤如下：

（1）新建网页"表单.html"，输入"信息反馈表"作为标题。

（2）设置标题的文本属性：字体为华文行楷，字号为 36 号，颜色代码为#990099，并使文本居中对齐。该样式命名为 Sytle1。

（3）执行"插入"→"表单"→"表单"菜单命令，插入空白表单。

（4）光标自动置于空表单中，输入"姓名"。

（5）执行"插入"→"表单"→"文本字域"菜单命令，在表单中插入一个文本域。

（6）选择插入的文本域，在文本域的属性面板中的"最多字符数"文本框中输入 10，选中"类型"选项中的"单行"单选按钮，完成单行文本域的设置。

（7）按【Enter】键换行，输入"您所喜欢的栏目"。

（8）再次执行"插入"→"表单"→"文本域"菜单命令，插入一个文本域。

（9）选择新创建的文本域，在属性面板的"字符宽度"文本框中输入 40，在"最多字符数"文本框中输入 16，单击"类型"选项中的"多行"单选按钮，并在"初始值"文本框中输入"请输入您喜欢的栏目名称"，完成多行文本的设置。

（10）将光标置于多行文本标签后，按下【Enter】键。

（11）选择"姓名"标签文本，为其设置属性，如字体为华文仿宋，字号为 18 号，颜色代码为#9933CC，该样式命名为 Sytle2。

（12）选择"您所喜欢的栏目"标签文本，在文本属性面板的"样式"下拉列表框中选择
Sytle2 选项。

（13）分别选择单行文本域与多行文本域，从"类"下拉列表框中选择 Sytle2 选项，完成表
单的设置。

（14）保存文件后，按【F12】键进行浏览，得到如图 6-10 所示的表单效果。

6.2.2　单选按钮和复选框

单选按钮和复选框是用于在预定义的值中进行选择的表单对象。单选按钮和复选框提供选
择项，用户可以通过单击进行选择。单选按钮和复选框一般都是成组出现，所以 Dreamweaver CS5
同时也提供单选按钮组和复选框组。

单选按钮通常要组成一组来使用，组中的单选按钮都有相同的名字，这样才能使它们组成
一组相互排斥的选项，用户只能选择其中一个选项。

复选框可以单个个体为单位使用的，每个复选框就像一个能够进行"打开"和"关闭"的
开关。因此，如有一组复选框，用户可以从中选择一个或多个选项。

例如，在图 6-11 所示的例子中，上面一行为单选框按钮，用户可只选择其中一个，当用
户单击其中一个单选按钮时，则其他单选按钮将会自动清除选中状态；下面一行为复选框，用
户可以选择其中一个，也可以同时选择多个。

图 6-11　单选按钮和复选框

1．插入单选按钮与复选框

要在表单中插入单选按钮或复选框，可将光标置于表单中要插入单选按钮或复选框的位
置，再执行"插入"→"表单"→"单选按钮"（或"复选框"）菜单命令。

2．插入单选按钮组与复选框组

要在表单中插入单选按钮组，可将光标置于表单中要插入单选按钮组的位置，再执行"插
入"→"表单"→"单选按钮组"菜单命令，打开"单选按钮组"对话框，如图 6-12 所示。

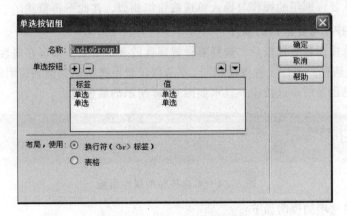

图 6-12　"单选按钮组"对话框

在该对话框可设置单选按钮组的名称、各个按钮的文本标签与按钮布局方式等，设置后单

击"确定"按钮，即完成单选按钮组的创建。

其中各选项功能设置说明如下：

（1）名称：输入该单选按钮组的名称。

（2）加号：向"单选按钮"列表框（组）中添加一个单选按钮。

（3）减号：向"单选按钮"列表框（组）中删除选定的单选按钮。

（4）▲和▼：向上或向下移动选定的单选按钮，以重新排序这些按钮。

（5）标签 ▭：单击标签（Label）栏下任意一个按钮选项，进入编辑状态，输入文本为按钮设置文本标签。

（6）布局，使用：设置 Dreamweaver 如何布局按钮组中的各个按钮。该选项组中提供了两种布局方式，分别为"换行符"和"表格"，其含义如下：

- 换行符：选择该选项，则系统自动在每个单选按钮后添加一个\
标签。
- 表格：选择该选项，则系统自动创建一个只含一列的表格（列数由按钮组中的按钮数来决定），并将这些单选按钮放在表格中。

例如，图 6-11 中第一行的性别，我们可以使用单选按钮组，对话框内容如图 6-13 所示。

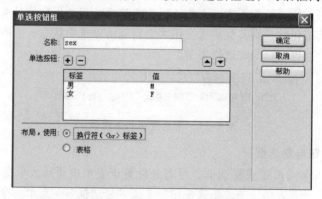

图 6-13　性别单选按钮组设置

需要注意的是，由于我们在对话框中选择了"换行符"的布局方式，所以插入到网页中的两个性别选项是纵向排列的，要想将它们排成一行，可以将它们之间的换行符（\
）删掉。

在网页中插入复选框组的操作与插入单选按钮组相似，在此不再赘述。

3．设置单选按钮与复选框的属性

在插入了单选按钮和复选框后，选择要设置属性的表单对象，即可在属性面板中设置其属性。单选按钮与复选框的属性设置方法相同，本节以设置单选按钮为例来说明属性设置的方法。

选择表单中已创建的单选按钮，显示如图 6-14 所示的属性面板。

图 6-14　单选按钮的属性面板

其属性面板各选项的说明如下：

- 单选按钮：给单选按钮命名。同一组的单选按钮名称必须相同。

- 选定值：设置单选按钮被选中时的取值，当用户提交表单时，该值被传送给表单处理程序。应赋给同组的每个单选按钮不同的值。
- 初始状态：指定首次载入表单时单选按钮是已选中还是未选中状态。
- 类：用于设置单选按钮对象的文本样式。

用户也可以为单选按钮组中的各个按钮设置属性，其方法可参照单选按钮属性设置。

【例 6-3】在图 6-10 所示的网页中加入单选按钮，单选按钮组和复选框。

操作步骤如下：

（1）将光标置于"姓名"行的文本框之后，按【Enter】键换行。

（2）输入一组单选按钮的说明性文字"性别"，然后插入一个单选按钮。

（3）在该单选按钮后输入表单对象的文本标签"男"，并选定该文本设置其字体为宋体，大小为 16，该样式命名为 Style3。

（4）用同样的方式，在创建"男"单选按钮后，再创建一个"女"单选按钮。

（5）按【Enter】键，将光标移到下一行，输入一组单选按钮前的说明性文字"您是如何知道该网站的"。

（6）插入一个单选按钮组，对话框设置为：在"单选按钮"列表框中单击"标签"栏下的第 1 个"单选"选项，输入"朋友介绍"字样，再单击第 2 个"单选"选项，输入"偶然闯入"字样。

（7）单击加号按钮，在列表框中添加一个"单选"选项，并输入"其他网站"字样，设置完毕后单击"确定"按钮，完成单选按钮组的创建。

（8）按【Enter】键，将光标移到下一行，输入一组复选框前的说明性文字"您的爱好"。

（9）插入一个复选框，并在其后输入文本标签"文学"。

（10）将光标置于"文学"后，用同样的方式创建"体育运动"、"音乐欣赏"、"旅游"等复选框。

（11）选择"性别"字样，从属性面板的"样式"下拉列表框中选择 Style2 选项。

（12）用同样的方法，将光标分别置于"您是如何知道该网站的"和"您最感兴趣的内容是"行中，设置其文本样式为 Style2。

（13）分别选择每个表单对象，将其样式设置为 Style3。

（14）保存文件，按【F12】键浏览，得到如图 6-15 所示的表单效果。

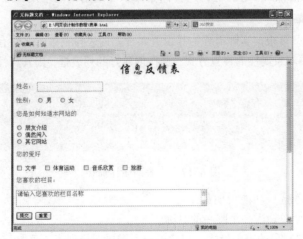

图 6-15　添加单选按钮、单选按钮组和复选框后的表单效果

6.2.3　列表框和弹出菜单

通过列表/菜单，访问者可以从一个列表中选择一个或多个项目。当空间有限但需要显示许多菜单项时，列表/菜单非常有用。如果想要对返回给服务器的值给予控制，也可以使用列表/菜单。列表/菜单与文本域不同，在文本域中用户可以随心所欲输入任何信息，甚至包括无效的数据，对于列表/菜单而言，值是固定的，因此不可能出现输入错误。

可以在表单中插入两种类型的菜单：一种菜单是用户单击时弹出的下拉式菜单；另一种菜单则显示一个列有项目的可滚动列表，用户可从该列表中选择项目，后者称列表菜单。

1. 插入列表框与弹出菜单

要在表单中插入列表框，将光标定位在表单中要插入列表框的位置，然后执行"插入"→"表单"→"选择（列表/菜单）"菜单命令即可。

默认状态下，插入的是弹出菜单，如果要插入列表框，应先选择插入弹出菜单，然后在列表/菜单的属性面板中选中"类型"选项组中的"列表"单选按钮，完成列表框的插入。

无论是插入弹出菜单，还是插入列表框，都只是插入了"框架"，还需要为其添加值。选择插入的列表/菜单框架，然后单击属性面板中的"列表值"按钮，打开"列表值"对话框，如图6-16所示。

在列表框中的"项目标签"栏下单击，输入列表/菜单中包含的选项，如果要输入多个选项，可单

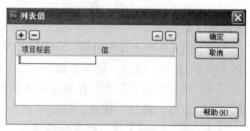

图 6-16　"列表值"对话框

击加号按钮⊞；若在添加的过程中想要删除某个选项，可选定该选项后单击减号按钮⊟，设置后单击"确定"按钮。

列表框中选项栏的说明如下：

- 项目标签：输入每个菜单项的标签文本。该标签将作为列表/菜单中的显示项。
- 值：输入每个菜单项的可选值。

列表中的每项都有一个标签（在列表中显示的文本）和一个值（选中该项时，发送给处理应用程序的值）。如果没有指定的值，则将标签文字发送给处理应用程序。

2. 设置列表/菜单属性

插入列表/菜单后，可根据实际需要为其设置属性。列表与菜单的属性有相似之处，下面以列表为例，介绍该类表单对象属性的设置方式，选择创建好的列表框，则其属性面板如图6-17所示。

图 6-17　列表的属性面板

列表属性面板中各选项功能说明如下：

- 选择：为列表/菜单输入一个唯一的名称。
- 类型：设置表单对象的表面形式，用户可根据需要选择列表或菜单。

- 高度：输入一个数字，指定该列表将显示的行（或项）数。如果指定的数字小于该列表包含的选项数，则出现滚动条。
- 选定范围：如果允许用户选择该列表中的多个选项，可选中"允许多选"。
- 初始化时选定：表示首次载入列表时出现的值。
- 列表值：打开"列表值"对话框，在此对话框中可修改列表项及其值。
- 类：用于设置表单对象文本样式。

【例6-4】在"表单.html"网页中加入"年龄"列表框和"学历"弹出菜单，其浏览效果如图6-18所示。

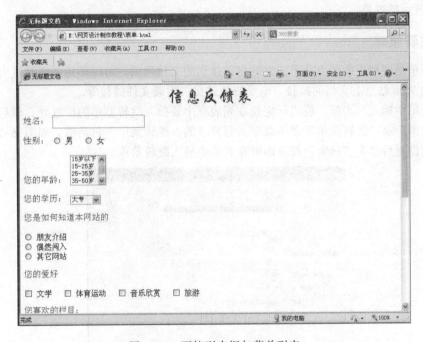

图6-18　下拉列表框与菜单列表

要求："年龄"与"学历"字样使用Style2样式；列表框与弹出菜单使用Style3样式；"年龄"字样与列表框居中对齐。

操作步骤如下：

（1）将光标置于"表单.html"网页"女"字样后，按下Enter键，输入"您的年龄："字样。

（2）执行"插入"→"表单"→"选择（列表/菜单）"菜单命令，在表单中插入弹出菜单。

（3）选中刚插入的弹出菜单，从属性面板中选中"类型"选项组中的"列表"单选按钮，在"高度"文本框中输入值"4"。然后单击"列表值"按钮，打开"列表值"对话框。

（4）在"列表值"对话框中进行如图6-19所示的设置，设置后单击"确定"按钮，回到属性面板，从"初始化时选定"列表框中选择第一个选项，从"类"下拉列表框架中选择Style3选项。

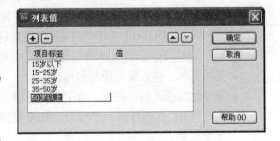

图6-19　"列表值"对话框

（5）将光标置于列表框后，按【Enter】键，输入"您的学历："字样。

（6）执行"插入"→"表单"→"选择（列表/菜单）"菜单命令，插入一个弹出菜单。

（7）选择新创建的弹出菜单，然后单击属性面板中的"列表值"按钮，打开"列表值"对话框，在其中输入"大专"、"本科"、"研究生"、"其他"等值。

（8）在属性面板的"初始化时选定"列表框中选择"请选择"选项，在"类"下拉列表框中选择 Style3 选项。

（9）选择"职业"字样，然后在属性面板中的"样式"下拉列表框中选择 Style2 选项。

（10）保存文件后，按【F12】键，浏览网页效果，单击弹出菜单右侧的下三角按钮，得到如图 6-18 所示的效果。

6.2.4 跳转菜单

跳转菜单是文档中的弹出菜单，它列出链接到的文档选项。可以创建到本站点内文档的链接、到其他 Web 站点上文档的链接、电子邮件链接、下载文件链接等。

要在表单中插入列表框，将光标定位在列表框中要插入跳转菜单的位置处，然后执行"插入"→"表单"→"跳转菜单"菜单命令，打开"插入跳转菜单"对话框，如图 6-20 所示。完成对话框设置后单击"确定"按钮即可在表单中插入跳转菜单。

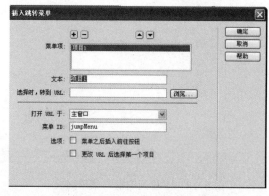

图 6-20   "插入跳转菜单"对话框

其中各选项功能如下：

- 加号：单击该按钮添加一个菜单项。新菜单项显示在"菜单项"列表框中。
- 减号：在"菜单项"列表框中选定一个菜单项，然后单击此按钮可将其删除。
- ▲ 和 ▼：在选定一个菜单项，然后单击这两个按钮在列表中向上或向下移动此菜单项。
- 文本：为菜单项键入要在菜单中显示的文本。若要使用菜单选择提示（如"选择其中一项"），可在第一个菜单项的"文本"文本框中输入选择提示文本。
- 选择时，转到 URL：单击"浏览"按钮找到要打开的文件，或者在文本框中输入该文件的路径。
- 打开 URL 于：选择文件的打开位置。如果选择"主窗口"选项，则在同一窗口中打开文件。
- 菜单名称：输入菜单项的名称。
- 菜单之后插入前往按钮：选中此复选框可添加一个"前往"按钮，而非菜单选择提示。
- 更改 URL 后选择第一个项目：如果要使用菜单选择提示（如"选择其中一项"），选中此复选框。

跳转菜单的属性设置与弹出菜单相同。

6.2.5 文件域

用户可以创建文件上传域，文件上传域允许用户将其计算机上的文件，如 Word 文档或图形文件等上传到服务器。文件域类似于文本域，只是文件域还包含一个"浏览"按钮。用户可以手动输入要上传的文件的路径，也可以使用"浏览"按钮定位和选择文件。

注意：在使用文件域之前，应先与服务器管理员联系，确认允许使用匿名文件上传，然后使用。

要在表单中插入文件域，应先选择表单，从表单属性面板中的"方法"下拉列表框中选择 POST 选项，再从"编码类型"下拉列表框中选择 multipart/form-data 选项。然后将光标定位在表单中要插入列表框的位置处，执行"插入"→"表单"→"文件域"命令，即可在表单中插入文件域，如图 6-21 所示。

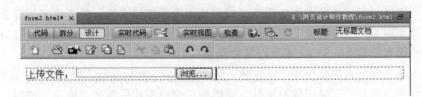

图 6-21　文件域

6.2.6 表单按钮

表单按钮用来控制表单操作。使用表单按钮将输入表单的数据提交到服务器，或者重置该表单。还可以将其他已经在脚本中定义的处理任务分配给按钮。例如，表单按钮可以根据指定的值计算所选商品的总价。

1. 标准表单按钮

标准表单按钮为浏览器的默认按钮样式，它包含显示文本。标准表单按钮通常记为"提交"、"重置"或"普通"。这 3 类按钮的作用分别是：

提交按钮：单击该按钮时提交表单进行处理。该项按钮把包含按钮的表单内容发送到表单中动作参数 action 指定的地址。

重置按钮：单击该按钮时，表单恢复刚载入时的状态，可重新填写表单。

普通按钮：单击该按钮时，根据处理脚本激活一种操作。若要指定某种操作，请从文档窗口的状态栏中选择<form>标签来选择该表单，并显示表单的属性面板，然后通过"动作"选项处理该表单的脚本或页面。该按钮没有内在行为，但可用 JavaScript 等脚本语言指定动作。

一般情况下，作为表单发送的最后一道程序，按钮通常被放在表单底部。

在网页中插入按钮的方法很简单，将光标置于需要插入按钮的表单中，执行"插入"→"表单"→"按钮"菜单命令即可。

默认状态下创建的按钮为"提交"按钮，如果用户要创建"重置"或"发送"按钮，只需从按钮属性面板中的"动作"选项组中单击"重设表单"或"无"单选按钮即可，如图 6-22 所示。

图 6-22　按钮的属性面板

其中各选项的说明如下：

- 按钮名称：给按钮命名。Dreamweaver 有"提交"和"重置"两个保留名称。"提交"指表单数据给处理程序或脚本；"重置"恢复所有表单域的初始值。
- 标签：显示在按钮上的文本。
- 动作：指定按钮被单击时发行的什么动作。本属性有 3 个单选按钮供选择，分别为"提交表单"、"重设表单"和"无"。

2．图片式按钮

按钮上可以使用指定的图像作为图标。如果使用图像按钮来执行任务而不是提交数据，则需要将某种行为附加到表单对象。可以使用 Dreamweaver 的"行为"面板将某种行为分配给按钮，或者可使用客户端 JavaScript 来执行某种操作。

在网页中插入图片式提交按钮，应先确定插入的位置，然后执行"插入"→"表单"→"图像域"菜单命令，打开"选择图像源文件"对话框，选择图片后单击"确定"按钮，即可在表单中插入一个图片按钮。

图片式按钮的属性面板如图 6-23 所示，在此对话框中可设置图片式按钮对象的相关属性。

图 6-23　图片式按钮的属性面板

其中各选项功能说明如下：

- 图像区域：为图片式按钮指定一个名称。
- 源文件：指定用做按钮的图像。
- 替换：输入要替代图像显示的任何文本，该文本适用于纯文本浏览器或者设置为手动下载图像的浏览器。
- 对齐：选择对齐方式。
- 编辑图像：启动默认的图像编辑器并打开该图像文件进行编辑。

6.3　Spry 验证构件

在接收用户输入数据的网页中，经常要对用户输入的数据进行验证，以确定用户输入的数据符合一定的类型或格式。利用 Spry 验证构件，就可以实现输入和验证功能。

Spry 验证构件实际上是集数据输入和数据验证于一体的表单对象，Dreamweaver CS5 提供的Spry 验证构件，有 Spry 验证文本域、Spry 验证文本区域、Spry 验证复选框、Spry 验证选择、Spry验证密码、Spry 验证确认、Spry 验证单选按钮等七种。菜单显示如图 6-24 所示。

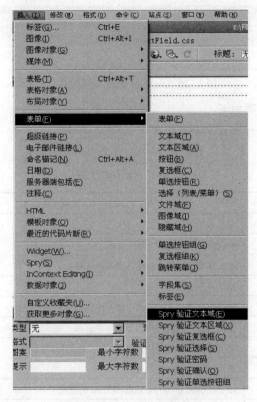

图 6-24　Spry 验证构件

6.3.1　Spry 验证文本域

Spry 验证文本域与普通文本域的区别，在于它可以直接对用户输入的数据进行验证，并向用户发出相应的提示。例如，网页中如需要用户输入电子邮件地址，则可以在该网页中加入 Spry 验证文本域。用户访问网页时，如果没有在电子邮件地址中输入@符号，则提示用户输入数据无效。

在网页中插入 Spry 验证文本域的操作步骤如下：

（1）在网页中插入表单。

（2）在表单中输入提示文字，然后执行"插入"→"表单"→"Spry 验证文本域"菜单命令，在表单中插入 Spry 验证文本域，如图 6-25 所示。

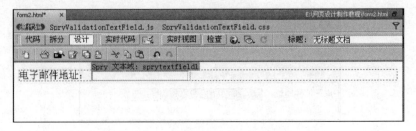

图 6-25　在表单中插入 Spry 验证文本域

（3）在属性面板中设置 Spry 验证文本域的属性，如图 6-26 所示。

图 6-26   Spry 验证文本域的属性

其中主要选项功能说明如下：

- Spry 文本域：为 Spry 验证文本域指定一个名称。
- 类型：指验证类型。验证类型共有 14 种，见表 6-1。

表 6-1   验证类型表

无	无须特殊格式
整数	仅接收数字
电子邮件地址	包含@和句点的电子邮件地址
日期	格式可变，可从"格式"菜单中选择
时间	格式可变，可从"格式"菜单中选择
信用卡	格式可变，可从"格式"菜单中选择信用卡种类
邮政编码	格式可变，可从"格式"菜单中选择
电话号码	接受美国和加拿大格式，即(000)000-0000 的形式
社会安全号	接受 000-00-0000 格式
货币	接受 1,000,000.00 或 1.000.000,00 的格式
实数/科学记数法	验证各种数字，以科学记数法表示的浮点数
IP 地址	格式可变，可从"格式"菜单中选择
URL	接受 http://xxx.xxx.xxx 或 ftp://xxx.xxx.xxx
自定义	用于指定自定义验证类型和格式

- 提示：提示合法输入数据的格式。
- 预览状态：要查看的状态。有"必填"、"有效"、"无效"等。
- 验证于：指定何时进行验证。onBlur 表示当用户在验证复选框构件的外部单击时验证，onChange 表示用户选择时验证，onSubmit 表示在提交表单时验证。
- 强制模式：禁止用户输入无效字符，而不是事后再给出提示信息。

（4）保存文件并浏览，在电子邮件地址框中输入，如输入不符合电子邮件地址格式，页面上会给出提示信息，如图 6-27 所示。

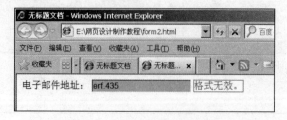

图 6-27   Spry 验证文本域浏览效果

Spry 验证文本区域就是多行的 Spry 验证文本域，两者的主要区别是属性的设置不同。

6.3.2　Spry 验证复选框

Spry 验证复选框是表单中的一个或一组复选框，该复选框在用户选择（或没有选择）复选框时会显示选择状态（有效或无效）。例如，您可以向表单中添加验证复选框，要求用户至少选一项或最多选三项。如果用户没有进行相应选择，表单会返回一条消息，提示不符合选择数要求。

在表单中插入 Spry 验证复选框的操作步骤如下：

（1）在表单中输入提示文字（如"你的兴趣爱好："）。

（2）在提示文字的下一行，插入一个 Spry 验证复选框，如图 6-28 所示。

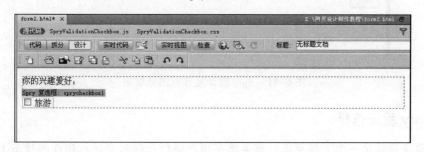

图 6-28　插入 Spry 验证复选框

（3）将光标定位在 Spry 验证复选框内的"旅游"复选框之前，执行"插入"→"表单"→"复选框"菜单命令，插入三个复选框（标签分别为"文学"、"音乐"、"运动"）。效果如图 6-29 所示。

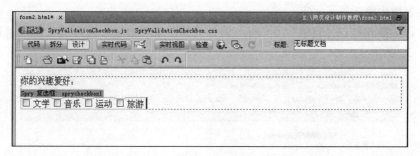

图 6-29　在 Spry 验证复选框内加入多个复选框

（4）在 Spry 验证复选框的属性面板里设置它的属性（验证规则为至少选一项，最多选三项）。设置如图 6-30 所示。

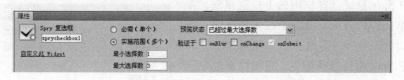

图 6-30　设置 Spry 验证复选框的属性

（5）在表单中加入提交按钮。保存网页，浏览效果如图 6-31 所示。

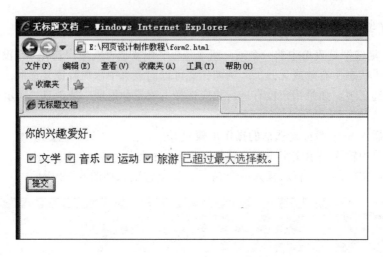

图 6-31　Spry 验证复选框浏览效果

6.3.3　Spry 验证选择

Spry 验证选择是一个下拉菜单，该菜单在用户进行选择时会显示构件的状态（有效或无效）。例如，您可以插入一个包含状态列表的验证选择，这些状态按不同的部分组合并用水平线分隔。如果用户意外选择了某条分界线（而不是某个状态），验证选择会向用户返回一条消息，提示选择无效。

在表单中插入 Spry 验证选择的操作步骤如下：

（1）在表单中输入提示文字。

（2）执行"插入"→"表单"→"Spry 验证选择"菜单命令，插入一个 Spry 验证选择框。效果如图 6-32 所示。

图 6-32　插入 Spry 验证选择框

（3）选中 Spry 验证选择框内的下拉菜单框，在属性面板中单击"列表值"设定下拉菜单选项，如图 6-33 所示。

（4）选中 Spry 验证选择构件，在属性面板中设置验证规则（不允许空值和无效值，在选择后立即验证），如图 6-34 所示。

（5）保存页面并浏览，当用户选择"————————"项时，会显示提示信息。

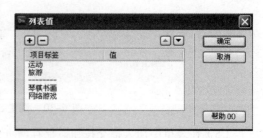

图 6-33　设置下拉菜单选项

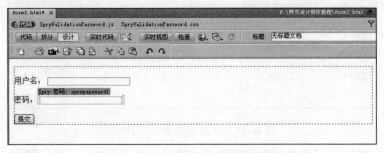

图 6-34　设置 Spry 验证选择规则

6.3.4　Spry 验证密码

Spry 验证密码是一个密码文本域，可用于强制执行密码规则（例如，字符的数目和类型）。该构件根据用户的输入提供警告或错误消息。

在表单中插入 Spry 验证密码的操作步骤如下：

（1）在表单中输入提示文字。

（2）执行"插入"→"表单"→"Spry 验证密码"菜单命令，插入一个 Spry 验证密码框。效果如图 6-35 所示。

图 6-35　插入 Spry 验证密码框

（3）在 Spry 验证密码框的属性面板中设置验证规则（至少 6 个字符，最多 10 个字符）。设置如图 6-36 所示。

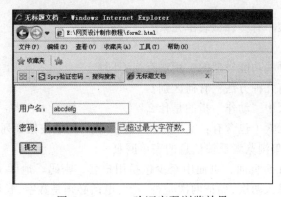

图 6-36　设置 Spry 验证密码规则

（4）保存页面并浏览，当输入密码超长时，会显示提示信息。提示如图 6-37 所示。

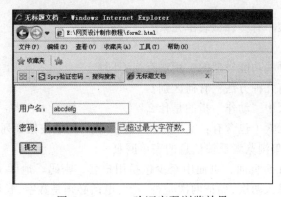

图 6-37　Spry 验证密码浏览效果

6.3.5 Spry 验证确认

Spry 验证确认是一个文本域或密码表单域，当用户输入的值与同一表单中类似域的值不匹配时，该构件将显示有效或无效状态。例如，您可以向表单中添加一个 Spry 验证确认，要求用户重新输入他们在上一个域中指定的密码。如果用户未能完全一样地输入他们之前指定的密码，构件将返回错误消息，提示两个值不匹配。

在表单中插入 Spry 验证确认的操作步骤如下：

（1）在表单中输入提示文字。

（2）执行"插入"→"表单"→"Spry 验证确认"菜单命令，插入一个 Spry 验证确认框。插入效果如图 6-38 所示。

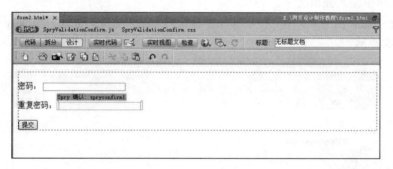

图 6-38　插入 Spry 验证确认框

（3）在 Spry 验证确认框的属性面板中设置验证规则（参照 password 文本框）。设置如图 6-39 所示。

图 6-39　设置 Spry 验证确认规则

（4）保存页面并浏览，当输入密码与 password 文本框内容不同时，会显示提示信息。

习　题　六

1. 什么是表单？表单有些什么表单元素？

2. 表单有何功能？

3. 表单元素中有哪些功能类似的？用法有何不同？

4. 表单数据传输有几种方法？有何区别？

5. 表单的属性面板中"动作"指的是什么？

6. 用合适的表单元素（包含有：文本域、单选按钮、复选按钮、列表/菜单、提交/复位按钮等）制作一个可以收集浏览者反馈信息的表单网页。

7. 制作一个用户注册页面，页面中至少包括用户名、密码、地区（下拉菜单）、电话和 e-mail 地址。要求密码输入两次，验证两次是否一致；电话必须是数字，长度为 11 个字符；e-mail 地址符合格式要求。

第7章 页面布局和模板

设计网页时，通常在设计一个具体网页之前，先对网页版面进行区块划分和内容规划，也即页面布局。布局合理的网页不仅能给人以美的享受，从而吸引更多的访问者，同时也能使网站维护变得更加容易。DIV+CSS 布局方法因其高度的灵活性，以及内容与表现分离的特点，而成为目前比较流行的布局方法。

模板的运用，不仅有利于使整个网站风格统一，也能大大地缩短网站开发和维护的时间，因而在大型网站开发中，不可避免地要使用模板。

本章内容包括：

- DIV 的概述。
- DIV+CSS 网页布局。
- 创建、运用模板。

7.1 DIV 概 述

在 CSS 出现前，DIV 标记并不常用，随着 CSS 的广泛运用，DIV 标记才渐渐发生作用。

1. DIV 的概念

DIV 元素是用来为 HTML 文档内大块（block-level）的内容提供结构和背景的元素。DIV 的起始标签和结束标签之间的所有内容都是用来构成这个块的，其中所包含元素的特性由 DIV 标签的属性来控制，或者是通过使用样式表格式化这个块来进行控制。

<div>就是一个区块标记，即<div>与</div>之间相当于一个容器，可以容纳文字、图片、段落、表格等元素。

2. 要使用 DIV+CSS 布局的意义

一般来说，页面布局就是对页面内容进行分块定位，传统的表格定位方法灵活性严重不足，而且表格和内容一体，难以修改。

DIV+CSS 布局方法有别于传统的表格定位方式，它可实现页面内容与表现相分离。例如，下面的网页代码中，第 20、21 行是显示内容，第 6～16 行是显示样式。显示效果如图 7-1 所示。

```
1   <html>
2   <head>
3   <meta http-equiv="Content-Type" content="text/html; charset=utf-8" />
4   <title>DIV</title>
5   <style type="text/css">
6   .div1 {
```

```
7    font: 36px "宋体";
8    color: #F00;
9    text-align: center;
10   margin: auto;
11   padding: 30px;
12   height: 160px;
13   width: 400px;
14   background: #FF9;
15   border: 3px dotted #00F;
16   }
17   </style>
18   </head>
19   <body>
20   <div id="div1" class="div1">这块是 DIV 标记作用范围<br />
21   <img src="image/xn2.jpg" width="150" height="115" /> </div>
22   </body>
23   </html>
```

图 7-1 "块"的显示

如果要改变显示形式，只需要修改样式定义（第 6~16 行）的内容。

具体来说，使用 DIV+CSS 有以下优点：

（1）符合 W3C 标准。微软等公司均为 W3C 支持者。这一点是最重要的，因为这保证您的网站不会因为将来网络应用的升级而被淘汰。

（2）支持浏览器的向后兼容，也就是说，无论未来的浏览器大战胜利者是谁，你的网站都能很好的兼容。

（3）搜索引擎更加友好。DIV+CSS 结构清晰，很容易被搜索引擎搜索到。

（4）样式的调整更加方便。内容和样式的分离，使页面和样式的调整变得更加方便。

（5）CSS 的极大优势表现在简洁的代码，对于一个大型网站来说，可以节省大量带宽，而且众所周知，搜索引擎也喜欢清洁的代码。

（6）表现和结构分离，在团队开发中更容易分工合作而减少相互关联性。

7.2 DIV+CSS 网页布局

DIV+CSS 布局已是当下流行的布局模式，目前 YAHOO、MSN 等国际门户网站，网易、新浪等国内门户网站和主流的 Web 2.0 网站，均采用 DIV+CSS 的布局模式，因此，DIV+CSS 布局可以说是大势所趋。在 XHTML 网站设计标准中，不再使用表格定位技术，而是采用 DIV+CSS 的方式实现各种定位。

本节我们通过实例介绍如何使用 DIV+CSS 进行网页布局。

所有的设计第一步就是构思，构思好了，一般来说还需要用将页面布局简单地勾画出来，图 7-2 是一个构思好的页面布局图。

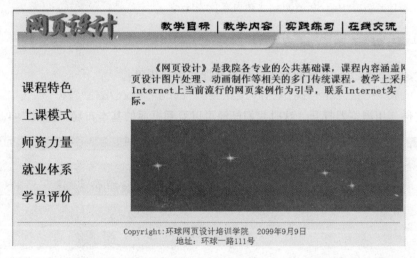

图 7-2 页面布局图

仔细分析一下该图，我们不难发现，图片大致分为以下几个部分：

（1）顶部部分，其中包括了 Logo 和菜单。

（2）内容部分又可分为侧边栏、主体内容。

（3）底部，包括一些版权信息。

有了以上的分析，我们可以设计层图 7-3 所示的近似布局模型。

现在，我们可以用记事本建立一个文本文件，命名为css.css，内容如下：

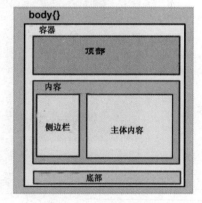

图 7-3 页面布局模型

```
/*基本信息*/
body {font:12px Tahoma;margin:0px;text-align:
center;background:#FFF;}
/*页面层容器*/
#container {width:100%}
/*页面头部*/
#Header {width:800px;margin:0 auto;height:100px;background:#FFCC99}
/*页面主体*/
#PageBody {width:800px;margin:0 auto;height:400px;background:#CCFF00}
```

```
/*页面底部*/
#Footer {width:800px;margin:0 auto;height:50px;background:#00FFFF}
/*侧边栏*/
#Sidebar {float: left;height: 400px;width: 180px;background:#00FF00}
/*主体内容*/
#MainBody {float: right;height: 400px;width: 620px;background:#FFFF00}
```

再建一个网页，命名为 index.html，在\<body\>与\</body\>之间写入 DIV 的基本结构，代码如下：

```
<div id="container">[页面层容器]
    <div id="Header">[页面头部 r]</div>
    <div id="PageBody">[页面主体]
        <div id="Sidebar">[侧边栏]</div>
        <div id="MainBody">[主体内容]</div>
    </div>
    <div id="Footer">[页面底部]</div>
</div>
```

然后在\<head\>与\</head\>之间加入链接外部样式表的代码：

```
<link href="css.css" rel="stylesheet" type="text/css" />
```

保存文件，用浏览器打开，这时我们已经可以看到页面的基本布局，如图 7-4 所示。

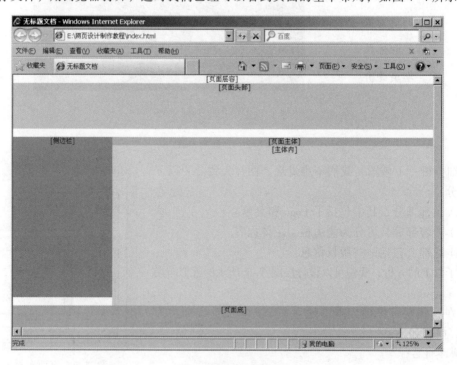

图 7-4　页面布局

7.3　创建模板

在一个网站的制作过程中，常常会制作很多布局结构和版式风格相似而内容不同的网页，这种类型的页面每个都要一次次制作，不但效率低，而且很难保证一个网站的不同网页风格一致。如果把制作好的网页生成模板，必要时直接套用该模板，不但能迅速生成多个新页面，而且页面风格一致，利于体现网站的整体形象。

一个优秀的网站必须具有独特统一的风格，给访问者留下深刻的印象。为了统一风格，就要求网站中的所有网页具有统一的结构和外观特点，如网站 Logo、导航、页眉和页脚等内容，在所有网页中都是某个固定位置显示。利用模板就能实现这种要求。

例如，我们可以制作一个介绍本书的网站，站中页面均采用如图 7-5 所示的形式。

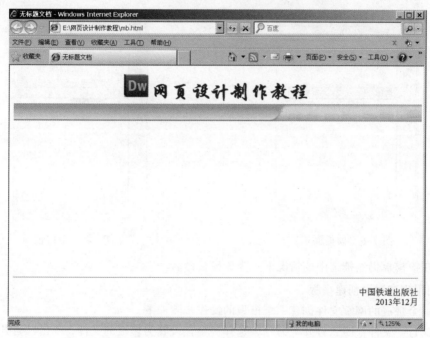

图 7-5　页面形式

其中，标题字"网页设计制作教程"、标题 Logo 图片、出版社和出版日期是固定的，页面中间部分内容各不相同，用来介绍各章节。

7.3.1　模板概述

模板是一种特殊的文档，Dreamweaver 将所有的模板文件保存在站点根目录下的 Templates 子目录下，模板文件的扩展名为 dwt。创建新网页时，可以根据模板来创建。

模板主要是由两种区域组成的：可编辑区域和锁定区域。当第一次创建模板时，所有的区域都是锁定的。定义模板时，一项重要的工作就是指定和命名可编辑的区域。如我们要将图 7-5 的内容作为模板，应当指定中间部分为可编辑区域，标题和页脚部分固定。

当一个网页文档从模板中创建时，可编辑的区域便成为唯一可以被改变的地方。

7.3.2　模板的创建

可以从空白的 HTML 文档中开始创建模板，也可以将现有的 HTML 文档存为模板。

Dreamweaver 系统自动把模板存储在站点的本地根文件夹下的 Templates 子文件夹中。如果此文件夹不存在，当储存一个新模板时，Dreamweaver 系统会自动创建该文件夹。

1．新建空白模板

创建一个新的空白模板的操作步骤如下：

（1）在网页编辑窗口中选择要创建模板的站点。

（2）执行"窗口"→"资源"菜单命令，打开模板面板，如图7-6所示。

（3）在模板面板中执行以下的操作之一：单击模板面板右下角的新建模板图表按钮；右击模板列表区域，在弹出的快捷菜单中选择"新建模板"命令。

一个新的模板被添加到模板列表中，如图7-7所示。

图7-6　模板面板

图7-7　新建空白模板

（4）在该模板仍然被选中的情况下，为该模板命名。

2．利用现有网页创建模板

利用一个现成的网页文件创建一个模板的操作步骤如下：

（1）执行"文件"→"打开"命令，选择一个预设置为模板的文件，单击"打开"按钮。

（2）在预设置为模板的文档菜单栏中执行"文件"→"另存为模板"命令。

（3）打开"另存模板"对话框，在"站点"下拉列表框中，选择该模板要保存的站点名称，在"另存为"文本框中输入模板的名称，如图7-8所示。

（4）单击"另存模板"对话框中的"保存"按钮，保存模板。

图7-8　"另存模板"对话框

3．编辑模板

对已有的模板进行修改，步骤如下：

（1）执行"窗口"→"资源"菜单命令，打开模板面板。

（2）在模板面板的列表中选择要修改的模板的文件名，单击"编辑"按钮或双击模板名。

（3）在文档窗口编辑该模板。

7.3.3　定义可编辑区域

当新创建一个模板或把已有的文档存为模板时，Dreamweaver系统默认把所有的区域被标记为锁定。因此，在模板创建之后，我们必须根据自己的要求对模板进行编辑，把某些部分标记为可编辑的。

在模板文档中，可编辑区是页面中的变化的部分，如图 7-5 的中间部分；不可编辑区（锁定区）是各页面中相对保持不变的部分，如图 7-5 的标题和页脚部分。

定义可编辑区的步骤如下：

（1）打开要设置可编辑区的模板文件，在文档中选择要定义为可编辑区域的文本（或者其他内容），这里我们选择图 7-5 所示网页的中间部分。

（2）右击，在弹出的快捷菜单中执行"模板"→"新建可编辑区域"命令。

（3）打开新建可编辑区域对话框，在"名称"文本框中输入新建可编辑区域的名称。如图 7-9 所示。

在模板中，可编辑区域被突出显示，并显示出该可编辑区域的名称，如图 7-10 所示。

在定义可编辑区域时要注意，可以定义整个表格，或者单个单元格为可编辑区域，但不能一次定义几个单元格。层和层中的内容是彼此独立的，定义层为可编辑的，允许改变层的位置；定义层的内容为可编辑的，允许改变层的内容。

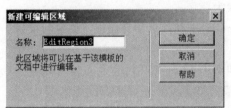

图 7-9　命名可编辑区域名称对话框

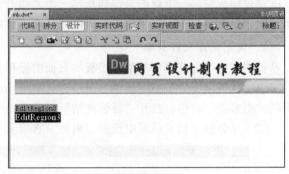

图 7-10　被突出显示的可编辑区

撤销可编辑区的标记，使之成为不可编辑区（锁定区）的方法如下：

（1）选中需要删除的可编辑区域标记。

（2）执行"修改"→"模板"→"删除模板标记"菜单命令，将所选中的可编辑区域标记删除。

7.4　运 用 模 板

7.4.1　用模板创建页面

通过模板创建页面，有助于保持网站所有的页面的风格统一，另外对页面的维护和更新也提供了极大的便捷。

用模板创建页面可以通过模板面板或利用新建文件菜单。

1．使用模板面板

通过模板面板创建基于模板的页面的操作步骤如下：

（1）执行"文件"→"新建"命令，创建一个空白文档。

（2）打开模板面板，并从模板面板上拖动一个模板到空白的文档中，完成空白文档运用模板的操作，如图 7-11 所示。

图 7-11　从模板面板上创建新文档

（3）通过对页面中可编辑区域的编辑和修改，完成对一个页面的创建。

通过模板编辑一个新的页面和新建一个文档进行编辑基本相似，其中的区别是通过模板编辑页面，仅有模板中所定义的可编辑区域是能进行编辑的。

2．使用新建文件菜单

使用新建文件菜单创建基于模板的页面的操作步骤为：

（1）执行"文件"→"新建"命令，或单击 Dreamweaver 初始启动界面中"创建新项目"下的"更多..."链接，打开"新建文档"对话框

（2）从新建文档对话框中选择"模板"选项卡，如图 7-12 所示。

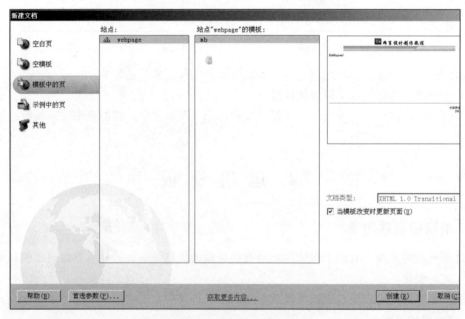

图 7-12　新建文档对话框

（3）从中选择一个模板，单击"创建"按钮。

7.4.2　运用模板更新页面

模板创建好以后，可以根据所创页面的需要，随时修改模板以满足新的设计要求。在修改

模板时，Dreamweaver 系统会提示是否更新运用该模板创建的网页。通过模板的更新操作可对网站所有使用此模板的页面进行自动更新。

修改模板的方法如下：

打开模板面板，双击需要编辑的模板文件，打开模板进入可编辑状态。和一个新页面的编辑方法相同，可以根据需要修改模板的内容甚至整个页面的布局。

模板修改完毕存盘时，Dreamweaver 系统会弹出一个对话框，如图 7-13 所示，提示是否更新应用该模板生成的所有网页。

单击"更新"按钮后，Dreamweaver 系统会给出一个报告，提示所更新的文件。

图 7-13　"更新模板文件"对话框

习　题　七

1. 自己动手使用 DIV+CSS 制作一个简单的网页
2. 什么是模板？创建模板的方法是什么？
3. 模板有何作用？如何应用模板？
4. 上机练习为你的站点创建一个模板文件（至少有三个可编辑区域），并用该模板文件生成两个网页，然后编辑修改模板文件，更新用模板生成的网页。

第**8**章　图　像　处　理

网页设计离不开图像处理。在众多的图像处理工具中，Photoshop 以其集图像设计、编辑、合成、输出于一体的强大功能，和界面简洁友好、可操作性强，可以与绝大多数的软件进行完美整合等特点，而受到专业图像设计人员和广大图形设计爱好者的青睐，被广泛地应用于网页设计图像处理、绘画、多媒体界面设计等领域。

本章将以最新推出的 Adobe Photoshop CS5 为环境，介绍图像处理基本操作，以期读者通过本章学习，能够进行网页设计中常用的简单图像设计和编辑。

本章内容包括：

- 图像有关概念。
- Photoshop CS5 的基本操作。
- 图层编辑。
- 滤镜的应用。

8.1　图像有关概念

计算机图形主要分为两类：位图图像和矢量图形。您可以在 Photoshop 和 ImageReady 中使用这两种类型的图形；此外，Photoshop 文件既可以包含位图，又可以包含矢量数据。了解两类图形间的差异，对创建、编辑和导入图片很有帮助。

8.1.1　位图

在计算机中，各种信息都是以（二进制）数字形式存在的，图像也不例外。我们如果把一幅图像看成由很多小方块（称之为"像素"）组成，并记录下代表每个小方块的位置和颜色的编码，就形成了位图文件。

例如，图 8-1 中是一个黑色三角形，如果用"1"表示图中的黑色方块，"0"表示白色小方块，那么在计算机中就可以用 8×8（00000010，00000110，00001110，00011110，00111110，01111110，11111110，00000000）个数字来存储黑色三角形的信息。图中小方块个数太少，所以三角形看起来是锯齿形的，很粗糙。如果小方块足够小，个数足够多，图像就逼近真实的图像，当然，需要存储的数据量也就更大。如果是彩色图像，每个小方块可能的颜色不只是黑白两种，那么用一位二进制数字不够，要用多位，通常用 8 位、16 位或 24 位（真彩色），数据量也随之相应增大。

由于位图能够记录每一个像素的信息，因此可以精确地记录色调丰富的图像，制作出逼真地表现自然界的图像，达到照片一样的效果。但是位图图像在放大到一定程度时，看起来就会像图 8-1 那样粗糙。图 8-2 所示为小球放大 5 倍后的效果。

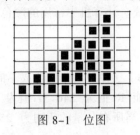

图 8-1 位图　　　　　　　　　　　　　图 8-2 位图放大效果

8.1.2 矢量图

矢量图由数学公式定义的线条和曲线组成，这些直线和曲线称为向量。数学公式根据图像的几何特性来描绘图像，因而适合于表现清晰的轮廓，可以任意放大而不失真。但矢量图通常无法提供生成色调丰富或色彩变化太多的图像，如灯光的质量效果很难表现出来。矢量图也不易在不同软件之间交换文件。

图 8-3 是矢量图的放大效果。

注意：由于计算机显示器只能在网格中显示图像，因此矢量图形和位图图像在屏幕上均显示为像素。

图 8-3 矢量图放大效果

8.1.3 像素

像素是图像中一个带有数据信息的小块。一幅图像由许多像素组成，每个像素有特定的位置和颜色值，图像中包含的像素越多，图像品质就越好，但图像文件也越大。

8.1.4 分辨率

分辨率是指单位长度内所含像素的多少，它又可以分为图像分辨率、屏幕分辨率、打印分辨率等。

图像分辨率是指每英寸图像含有多少个像素，分辨率的单位通常用"点/英寸（dpi）"。分辨率的大小直接影响图像的品质，分辨率越高，图像越清晰。

图像分辨率、图像的尺寸和图像文件的大小这三者之间也有密切的关系。分辨率相同的图像，如果尺寸不同，它的文件大小也不同，尺寸越大，文件就越大；同样，若图像尺寸相同，分辨率越高，文件越大。

屏幕分辨率指屏幕上能显示的像素个数，它决定了计算机屏幕上显示信息的多少，以水平和垂直像素来衡量，通常表示为 1024×768、1280×1024 等。屏幕分辨率低时（例如 640×480），在屏幕上显示的项目少，但尺寸比较大。屏幕分辨率高时（例如 1600×1200），在屏幕上显示的项目多，但尺寸比较小。

打印分辨率是指打印机打印图像时，每英寸所能打印的像素个数。例如，普通激光打印机分辨率一般在 300～600 点/英寸。

8.1.5 颜色模式

在数字世界，为了表示不同的颜色，通常要将颜色划分为若干分量，由于成色原理的不同，显示器、扫描仪等这类靠色光直接合成颜色的设备和打印机、印刷机等这类靠使用颜料的印刷设备在生成颜色方式上也有区别，这就形成了不同的颜色模式。计算机中常用的颜色模式有以下 8 种：

1．RGB 颜色模式

RGB 模式是按照三色原理，由红（R）、绿（G）、蓝（B）三种颜色分量合成不同的颜色，每个颜色分量可以有 0～255 之间的强度值。例如，亮红色可能 R 值为 246，G 值为 20，而 B 值为 50。当所有这 3 个分量的值相等时，结果是中性灰色。当所有分量的值均为 255 时，结果是纯白色；当这些值都为 0 时，结果是纯黑色。

2．CMYK 颜色模式

CMYK 模式是常用于印刷或打印的一种颜色模式，印刷颜色由青色、洋红、黄色和黑色四种颜色的油墨合成，在一个像素中为每种印刷油墨指定一个百分比值。为最亮（高光）颜色指定的印刷油墨颜色百分比较低，而为较暗（暗调）颜色指定的百分比较高。例如，亮红色可能包含 2% 青色、93% 洋红、90% 黄色和 0% 黑色。在 CMYK 图像中，当四种分量的值均为 0% 时，就会产生纯白色。

3．位图模式

位图模式使用两种颜色值（黑色或白色）之一表示图像中的像素。由于每个像素只需用一位二进制数字（0 或 1）表示，因此这种模式下的图像文件占空间最小。

4．灰度模式

灰度模式使用多达 256 级灰度。灰度图像中的每个像素都有一个 0（黑色）到 255（白色）之间的亮度值。灰度值也可以用黑色油墨覆盖的百分比来度量（0% 等于白色，100% 等于黑色）。使用黑白或灰度扫描仪生成的图像通常以"灰度"模式显示。

5．双色调模式

双色调模式通过二至四种自定油墨创建单色调、双色调（两种颜色）、三色调（三种颜色）和四色调（四种颜色）的灰度图像。双色调模式与灰度模式的图像相似，虽然不是全彩色的图像，但适当地应用会创造出特殊的效果。要将其他模式的图像转换为双色调模式，首先需将其转换为灰度模式，只有灰度模式才可以与双色调模式的图像互相转换。

6．索引颜色模式

索引颜色模式用最多 256 种颜色生成 8 位图像文件。当转换为索引颜色时，Photoshop 将构建一个颜色查找表（CLUT），用以存放索引图像中的颜色。如果原图像中的某种颜色没有出现在该表中，则程序将选取最接近的一种，或使用仿色用现有颜色来模拟该颜色。

7．HSB 模式

HSB 模式是将颜色分解为色调、饱和度和亮度，通过三者的调整得到颜色的变化。

8．Lab 模式

Lab 模式是通过一个光强和两个色调（一个色调 a，一个色调 b）来描述颜色变化，它主要影响色调的明暗。

8.1.6　图像文件格式

图像文件以不同的方式进行保存，就形成了不同的图像文件格式。常见的图像文件格式如下：

1．PSD 格式

PSD 格式是 Photoshop 软件的专用文件格式，支持全部颜色模式，能保存图层、通道、路径等信息，便于图像的编辑修改，但 PSD 格式专业性较强，很少有其他软件支持这种格式。

由于 PSD 格式的图像文件包含的信息较多，因此文件比较大，占据的磁盘空间多。

2．BMP 格式

BMP 格式是 Windows 操作系统中的标准图像文件格式，能够被多种 Windows 应用程序所支持。随着 Windows 操作系统的流行与丰富的 Windows 应用程序的开发，BMP 位图格式理所当然地被广泛应用。这种格式的特点是包含的图像信息较丰富，几乎不进行压缩，所以占用磁盘空间较大。

BMP 格式支持 RGB、索引颜色、灰度和位图颜色模式，但不支持 Alpha 通道和 CMYK 模式的图像。

3．JPG 格式

JPG 格式是应用最广泛的一种可跨平台操作的压缩格式文件，其压缩率比较高，文件很小，因而常用于网上传输的图像。JPG 格式支持 CMYK、RGB 和灰度颜色模式，但不支持 Alpha 通道。

JPG 格式采用的是"有损"压缩方案，在生成 JPG 文件时，会丢掉一些人类肉眼不易察觉的信息，生成的图像没有原图像质量好，因此印刷品一般不使用 JPG 格式。

4．TIFF 格式

TIFF 格式是 Aldus 公司为苹果机设计的图像文件格式，可跨平台操作，多用于桌面排版、图形艺术软件。TIFF 格式采用 LZW 无损压缩方式，支持具有 Alpha 通道的 CMYK、RGB、Lab、索引颜色、灰度图像，以及没有 Alpha 通道的位图模式图像。

Photoshop 可以在 TIFF 格式的文件中存储图层信息，最大 TIFF 文档可达 4GB。

5．GIF 格式

GIF 格式是 CompuServe 提供的一种图像格式，使用 LZW 压缩格式，占用空间小，广泛用于 HTML 网页文档中。GIF 格式只支持 8 位的图像文件，最多只能保存 256 色的 RGB 色阶。GIF 格式支持位图、灰度和索引颜色模式。

6．PNG 格式

PNG 格式是 CompuServe 开发的一种图像格式，广泛用于网络图像的编辑。它不同于 GIF 格式，除了能保存 256 色外，还可以保存 24 位的真彩色图像，具有支持透明背景和消除锯齿边缘的功能，可在不失真的情况下压缩图像。

PNG 格式在 RGB 和灰度模式下支持 Alpha 通道，在索引颜色和位图模式下，不支持 Alpha 通道。

7．PDF 格式

PDF 格式是 Adobe 公司开发的 Windows、Mac OS、UNIX 和 DOS 系统中的一种电子出版软件的文档格式。该格式的文件可以存储多页信息，包含图像、文档的查找和导航功能。因此在使用该软件时，无须排版就可以获得图文混排的版面。PDF 格式支持超链接，是网络下载经常使用的软件。PDF 格式支持 RGB、索引颜色、CMYK、灰度、位图和 Lab 颜色模式。

8.2 Photoshop CS5 的基本操作

Photoshop 是当前最为流行的专业图像处理软件，它具有十分强大的图像处理功能，被广泛应用于美术设计、彩色印刷、摄影处理、网页制作等诸多领域。其最新版本 Photoshop CS5 在图像编辑、图像合成、校色调色及特效制作等方面更具特色。

8.2.1 工作界面

Photoshop CS5 启动后，其工作界面如图 8-4 所示。

图 8-4　Photoshop CS5 工作界面

1. 标题栏

标题栏位于工作界面的最上方，用于显示 Photoshop 图标、快速启动 Bridge 或 Mini Bridge、显示辅助标志（参考线、网格线、和标尺）、切换屏幕显示模式和工作区模式等。标题栏如图 8-5 所示。

图 8-5　标题栏

2. 菜单栏

菜单栏中包含了 Photoshop CS5 的大部分图像处理操作，分为"文件"、"编辑"、"图像"、"图层"、"选择"、"滤镜"、"分析"、"3D"、"视图"、"窗口"和"帮助"11 个菜单。每个菜单包含着一组操作命令，如果菜单中的命令显示为黑色，表示此命令目前可用；如果显示为灰色，表示此命令目前不可用。

一般情况下，一个菜单中的命令是固定不变的，但是也有些菜单可以根据当前环境的变化添加或减少某些命令。

3．属性栏

属性栏位于菜单栏的下方，在工具箱中选择了某个工具后，使用前可以在属性栏中对该工具的属性进行设置。例如，选择了橡皮擦工具后，属性栏显示如图 8-6 所示。用户可以在其中设置橡皮擦的模式、不透明度等。

图 8-6　属性栏

每一个工具在属性栏中的选项都是不定的，它会随用户所选工具的不同而变化。

4．工具箱

工具箱中包含常用的选择、绘画、编辑、移动等工具按钮。默认情况下，工具箱位于图像编辑区左侧，可以用鼠标将其拖动至想要的位置。

工具箱中大部分工具右下角都有一个三角形标志，这表示该工具有多种变形。在该工具图标上按住鼠标左键不放，会弹出隐藏的各种变形。例如，按住"矩形选择框"工具，弹出如图 8-7 所示的 4 种变形。将鼠标指针移动到想要的变形工具上释放鼠标，即可将隐藏变形改为当前工具。

5．状态栏

状态栏可以显示当前图像或使用工具的信息，如显示比例、文档大小等。单击状态栏右边的三角形按钮，可以选择显示不同的项目，如图 8-8 所示。

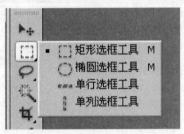

图 8-7　矩形选择工具的变形

图 8-8　状态栏可选信息

6．浮动面板

浮动面板是 Photoshop CS5 最常用的控制区域，可以完成绝大部分操作命令与调节工作，同时监视和修改工作界面。默认情况下，在工作界面左侧显示某些面板，用户可以通过"窗口"菜单命令选择显示或隐藏任何面板。

常用控制面板的基本功能如下：

（1）"颜色"面板：用于选取或设置颜色，便于进行工具绘图和填充等操作，如图 8-9 所示。

（2）"色板"面板：用于选择颜色，功能和"颜色"面板相似，如图 8-10 所示。

（3）"样式"面板：将预设的效果应用到图像中。

（4）"导航器"面板：用于显示图像的缩略图，可以通过面板底部的缩放比例（数字或比例条）快速调整显示图像的大小，如图 8-11 所示。

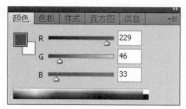

图 8-9 "颜色"面板

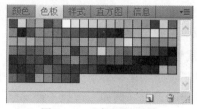

图 8-10 "色板"面板

（5）"信息"面板：用于显示鼠标指针当前位置像素的色彩值及坐标。

（6）"图层"面板：用于控制图层的操作，可以新建、复制、删除图层和调整图层叠放次序，如图 8-12 所示。

图 8-11 "导航器"面板

图 8-12 "图层"面板

（7）"通道"面板：用于记录图像的颜色数据和保存蒙版内容，用户可以在通道中进行各种操作。

（8）"路径"面板：用于建立矢量图像的路径，可以存储描绘的路径，并将路径应用到填色描边或将路径转换为选区等操作。

（9）"历史记录"面板：恢复以前对图像的某一步骤的操作。

（10）"动作"面板：用于录制一连串的编辑操作，以实现操作自动化。

8.2.2 设置工作区域

为了使 Photoshop CS5 软件运行更快、更流畅和更符合用户的使用习惯，往往要根据使用的计算机配置进行参数设置，包括定义工作区域、更改显示模式、排列工作区中的图像和使用辅助工具等。

1. 自定义工作区域

Photoshop CS5 工作区中，工具箱样式和位置，浮动面板的位置及组合都是可以由用户自由确定的。

工具箱有单排式和双排式，可以通过单击 ![icon] 箱左上角的双三角切换，如图 8-13 所示。也可以按住工具箱的标题栏，随意拖动。

Photoshop CS5 的各种面板可以组合和移动位置。例如，可以将"颜色"、"色板"、"样式"、"直方图"和"信息"5 个面板组合成一组，将"图层"、"通道"、"路径"、"调整"和"蒙版"组合成一组。组合如图 8-14 所示。也可以将"颜色"和"图层"拖出来组成另外一组，如图 8-15 所示。

图 8-13 工具箱形式

当浮动面板较多时，有些面板可能被折叠成图标，若要展开这些面板，只需单击停放区域顶部的双三角图标；若要展开单个面板图标，直接单击该图标即可。面板图标展开如图 8-15 所示。

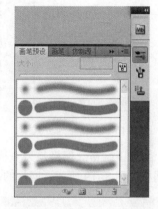

图 8-14　浮动面板组合　　　　　　　　　图 8-15　面板图标展开

2．更改显示模式

为了更好地查看图像和便于操作，可以更改屏幕显示模式。显示模式有三种，即"标准屏幕模式"、"带菜单栏的全屏幕模式"和"全屏幕模式"。

（1）标准屏幕模式：菜单栏位于顶部，滚动条位于侧面。

（2）带菜单栏的全屏幕模式：带有菜单栏和 50%灰色背景，但没有标题栏和滚动条。

（3）全屏幕模式：只有黑色背景，没有标题栏、菜单栏和滚动条。

3．排列图像

用 Photoshop CS5 标题栏中的"排列文档"按钮，可以将打开的多个文档按不同的方式排列。文档的排列方式，是根据打开文档的数量决定的，假如在工作区内打开 3 幅图像，单击标题栏中的"排列文档"按钮，可显示如图 8-16 所示的文档排列方式。

如从中选择三联式◨，则屏幕显示如图 8-17 所示。

4．使用辅助工具

在 Photoshop CS5 中编辑图像时，为了准确定位图像中的位置，可以使用标尺、参考线、网格等辅助工具。这样，编辑图像更加精确、方便。

（1）标尺。标尺可以准确地显示当前光标所在的位置和图像的尺寸，还可以更准确地对齐对象和选取范围。利用菜单栏中的"视图"→"标尺"菜单命令可以显示或者隐藏标尺。

（2）参考线。参考线的作用是帮助用户精确地定位图像或图像的部分区域。将光标移到标尺上，按住鼠标左键向工作区中拖动，可以拖出一条参考线。双击参考线，可以在"首选项"对话框中设置参考线的颜色和样式，如图 8-18 所示。

如果要清除参考线，可以将参考线拖回标尺处。

图 8-16　文档排列方式　　　　　　　图 8-17　三联式显示效果

（3）网格。网格是另一种参考形式，执行"视图"→"显示"→"网格"菜单命令，显示网格如图 8-19 所示。网格的颜色和样式可以执行"编辑"→"首选项"菜单命令修改。

图 8-18　参考线　　　　　　　　　　　图 8-19　网格

8.2.3　选取图像区域

为了便于编辑图像，经常需要选取图像的某一部分。Photoshop CS5 提供了多种选取图像的工具，如矩形选框、套索、魔术棒等。

1. 选框工具

选框工具只能用来选取规则的形状，如矩形、圆形。在 Photoshop CS5 的工具箱中，用鼠标单击矩形选框工具，并按住不放，就会出现如图 8-20 所示的矩形、椭圆、单行和单列四种选框工具。

可以选用选框工具中的任意一种工具来选取图像中的某一部分。图 8-21 所示为用矩形选框选定选区。

图 8-20 选框工具

图 8-21 选取矩形部分

选用选框工具后，还可以在该工具的属性栏中进一步设定选取的范围和方式。如选用矩形选框工具后，工具属性栏如图 8-22 所示。

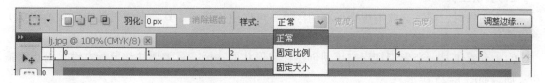

图 8-22 矩形选框工具属性栏

工具属性栏中各项含义如下：

- "新选区"按钮■：表示新创建一个独立的选区。
- "添加到选区"按钮■：表示在原有选区基础上增加一部分，即将新选取和原来的选区合并为一个选区，如图 8-23 所示。

图 8-23 "添加到选区"

- "从选区中减去"按钮■：表示从原有选区中减去一部分，即从原选区中减去新选区与原选区重叠的部分，如图 8-24 所示。

图 8-24 "从选区中减去"

- "与选区交叉"按钮▣：表示选取新选区与原选区交叉重叠的部分。
- "羽化"选项：用来设置选区边界处的羽化宽度。羽化就是对选区的边缘进行柔和模糊处理。
- "样式"下拉菜单：用来指定选区样式。有三种可选值：正常、固定比例和固定大小。正常就是用鼠标拖动出的任意矩形范围即为选区；固定比例是指使用鼠标拖出的矩形选区的宽度和高度总是成一定比例；固定大小是指用鼠标拖动时，总是生成指定大小的矩形选区。

如选用椭圆形选框工具，或单行、单列选框工具，也可在工具栏中进行类似的属性设置，在此不再赘述。

2. 套索工具

选取图像时，如需选取不规则形状的区域，可以使用套索工具。套索工具中包括（常规）套索工具、多边形套索工具和磁性套索工具。

（1）套索工具。套索工具用来手动创建任意形状的选区，只需要按住鼠标左键，沿边缘拖动一周，如图 8-25 所示。

（2）多边形套索工具。多边形套索工具用来创建不规则形状的多边形选区。创建选区时，可拖动鼠标并在多边形的每个顶点单击鼠标，拖动一周形成一个封闭选区，如图 8-26 所示。

图 8-25　套索工具创建的选区　　　　图 8-26　多边形套索工具创建的选区

（3）磁性套索工具。磁性套索工具是一种可识别边缘的套索工具。在拖动鼠标创建选区时，它可以根据图像与背景的反差，自动使选区靠近图像的边缘。如图 8-27 是用磁性套索创建的选区。

图 8-27　磁性套索工具创建的选区

在选用磁性套索工具时，可以在工具栏中进行设置的参数如图 8-28 所示。

图 8-28 磁性套索工具属性

其中，宽度表示作为边缘识别的范围，数值越大表示识别范围越宽；对比度表示选取图像与边缘的反差；频率是选取边缘的取点数。

3．颜色识别选取工具

根据图像色彩自动识别图像边缘，是选取图像时常用的功能之一。在 Photoshop CS5 中，魔棒和快速选择工具，以及前面已经介绍过的磁性套索工具，都具有色彩自动识别功能。

（1）魔棒工具。使用魔棒工具可以选择图像内色彩相同或相近的区域。选取魔棒工具后，通过在工具栏中设置"容差"，来确定色彩相近的程度。例如，在图 8-29 中，我们利用魔棒工具选取一个石头的方法是：单击魔棒工具，设置容差值为 100，然后单击石头。

（2）快速选择工具。对于背景颜色比较单一，且与需选取的部分反差较大的图像，用快速选择工具则很方便。如在图 8-29 中，要选取石头以外的背景部分，可以点快速选择工具，设置画笔大小为 80，然后在背景部分单击，如图 8-30 所示。

图 8-29 利用魔棒工具选择

图 8-30 利用快速选择工具选择

4．编辑选区

创建好选区后，可以对选区进行编辑，包括可以移动选区、扩大选区、选取相似区域、反向选择和对选区形状进行任意变换等。

（1）移动选区。移动选区有两种方法，一是创建选区后，将鼠标移动到选区内，当光标呈 ⊕ 形状时，用鼠标左键拖动选区；二是创建选区后，按键盘上的方向键，每按一次，选区就会向方向键指示的方向移动一个像素。

（2）扩大选区。利用菜单栏中的扩大选区命令可以在原有选区基础上使选区在图像上延伸，将连续的、色彩相似的图像扩充到选区内。例如，图 8-31 中利用魔棒工具创建了一个选区后，再执行菜单栏中的"选择"→"扩大选取"菜单命令，选区变化如图 8-32 所示。

图 8-31 利用魔棒工具创建的选区

图 8-32 "扩大"后的选区

（3）选取相似。利用菜单栏中的选取相似命令可以把选区扩展到与原有选区颜色相似，但不连续的部分。例如，图 8-31 中的选区执行"选择"→"选取相似"菜单命令后，选区变化如图 8-33 所示。

图 8-33 "选取相似"后的选区

（4）选区反向。利用菜单栏中的反向命令可以在图像的选区与非选区之间进行互换。互换操作可以通过三种方式实现：

- 执行菜单栏中的"选择"→"反向"菜单命令。
- 按【Ctrl+Shift+I】组合键。
- 在原选区内右击，在弹出的快捷菜单中选择"选择反向"命令。

（5）变换选区。菜单栏中的变换选区命令可以用来对选区形状进行任意变换。在图像中创建选区后，执行 "选择"→"变换选区"菜单命令，图像周围就会出现一个调节框，此时便可对选区进行任意变形调节。

8.2.4 绘制图形

当需要绘制图形时，可以利用 Photoshop CS5 工具箱中提供的图形工具，如直线工具、椭圆工具、矩形工具等，结合旋转、自由变换等操作，可以绘制出各种图形。本节我们通过图形绘制实例来运用这些工具。

【例 8-1】绘制如图 8-34 所示的卡通动画。

操作步骤如下：

（1）新建一个文档，设置宽度和高度均为 250 像素。

（2）选择工具箱中的"椭圆工具"，在选项栏中设置颜色（其中卡通人物面部颜色参考值为 #ffc090），绘制头部轮廓，效果如图 8-35（a）所示。

图 8-34 卡通动画

（3）使用相同的方法绘制其他 4 个黑色椭圆作为卡通任务的头发，绘制效果如图 8-35（b）所示。

（4）选择工具箱中的"矩形工具"，在选项栏中设置颜色为黑色，绘制眉毛、眼睛和嘴巴。并利用自由变换，进行调整。

（5）绘制完成后，执行菜单栏中的"图层"→"拼合图像"菜单命令，并存储为 jpg 文件。

（a）头部轮廓

（b）绘制头发

图 8-35 绘制头部

【例 8-2】绘制如图 8-36（a）所示的网页 LOGO。

操作步骤如下：

（1）新建空白文档，宽度 220，高度 280。

（2）选择工具箱中"自定义形状工具"，并在选项栏的形状下拉列表中选择相应的形状，如图 8-36（a）所示。

（3）在舞台中按住鼠标左键，绘制形状，并设置填充色为蓝色。执行"编辑"→"变换路径"→"旋转"菜单命令，对图形进行一定角度的旋转，效果如图 8-36（b）所示。

（4）利用"自定义形状工具"，在选项栏中选择图形下拉列表中的三角形，在舞台中绘制三角形，填充颜色设置为淡蓝色。并利用"编辑"→"变换路径"→"变形"命令，对三角形进行调整变形，效果如图 8-36（d）、图 8-36（e）所示。

（5）利用"自定义形状工具"，在选项栏中选择图形下拉列表中的相应形状，并在舞台中绘制，填充为白色，如图 8-36（f）所示。

（6）选择工具箱中"横排文字工具"，在舞台适当位置输入文字"LOGO"，设置为适当大小、蓝色，完成图 8-36（a）中的效果。

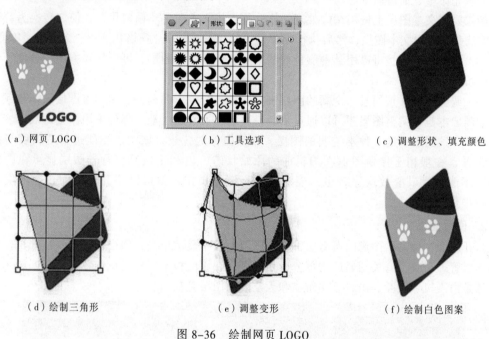

（a）网页 LOGO   （b）工具选项   （c）调整形状、填充颜色

（d）绘制三角形   （e）调整变形   （f）绘制白色图案

图 8-36　绘制网页 LOGO

8.3　图层编辑

图像制作和处理由于涉及的要素较多，要制作一幅五彩缤纷的图像，通常并不容易，但如果将一幅图像化整为零，分为很多图层，分别对单一图层进行处理，则要简单得多。在 Photoshop 图像处理中，图层是最常用构图单位，许多效果可以通过对层的直接操作而得到。

8.3.1　图层及图层面板

图层是可以通过叠放在一起形成一幅图像的构件。通俗地讲，图层就像是含有文字或图形元素的透明胶片，透过上层的透明区域可以看到下一层，但每一层是相对独立的，对一个图层的编辑，不影响另一个图层。将一张张按顺序叠放在一起，组合起来就形成了最终的图片。通过移动各胶片的相对位置或者添加更多的胶片即可改变最后的合成效果。

图层有两大特点：除了画有图形或文字的地方，其他部分都是透明的，也就是说，下层的内容可以通过透明的这部分显示出来；图层又是相对独立的，修改其中一层，不会影响到其他层。

1．图层分类

在 Photoshop CS5 中，图层可以分为 5 类，即普通图层、文本图层、填充图层、调整图层和背景图层。

（1）普通图层。可以进行图层的复制、删除、顺序调整，以及设置图层的透明度、混合模式等。

（2）文本图层。就是使用文字工具创建的图层。文本图层通常用于在图片中叠加文字，Photoshop 中的大多数图像处理功能不能用于文本图层，如画笔、橡皮擦、渐变、涂抹工具以及所有的填充命令、描边命令等。

如果要在文本图层上使用图像处理功能，须先将文本图层"栅格化"，使之转换为普通图层。方法是：选中文本图层，然后执行菜单栏中的"图层"→"栅格化"→"文字"菜单命令。

（3）填充图层。是可以用某种颜色或图案来填充图像的图层，可以设置方向、角度、渐变等各种填充效果。

（4）调整图层。是通过一个新的图层来对图像进行色彩的调整。用调整图层来调整颜色，不影响图像本身，调整图层还可以通过蒙版来决定其下方图层某一部分采用调整的效果。

（5）背景图层。是一种不透明的图层，作为图像的背景，该图层不能进行透明度与混合模式设置，一般用于保留图像在编辑前的原始状态，以利于恢复。背景图层显示在图的最底层，不能移动其叠放次序，也不能对其进行锁定操作，但可以将其转换为普通图层，然后进行操作。

2．图层面板

打开图像文件时，图像的所有层都会在图层面板中显示出来，图层面板是 Photoshop 最主要的图层管理工具，有关图层的大部分操作都可以在该面板中完成。例如，图 8-37 所示的分层图像是由飞机、花叶、田野、建筑物和天空五个图层叠加而成。

图 8-37　分层图像及图层面板

右边的图层面板放大后如图 8-38 所示，图中各部分含义如下：

- 眼睛图标 ：用于显示或隐藏图层，单击
  该图标，可以切换显示或隐藏状态。
- 图层名：每个图层可以定义不同的名称以
  便区分，可以双击名称进行修改。
- 图层链接 ：可以将多个图层链接起来，
  使之可以一起复制、移动等。
- 创建新图层 ：可以建立一个新的图层。
- 删除图层 ：将当前所选图层删除，也可
  用鼠标拖动图层到"删除图层"按钮上，
  来删除图层。
- 添加图层样式 ：可对当前所选图层应用
  各种图层样式，以创建特殊图层效果。
- 添加图层蒙版 ：用于建立图层蒙版。

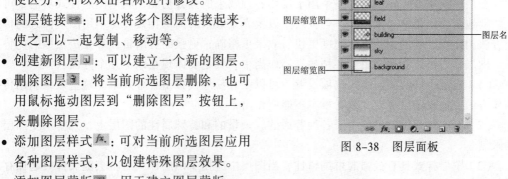

图 8-38　图层面板

- 创建图层组 ：用于建立图层组，以便将若干图层归纳到组中进行管理和操作。
- 创建新的填充或调整图形 ：用于创建填充图层或调整图层。
- 填充：在填充框中输入数值，可设置每个图层的内部透明度。

8.3.2　图层操作

常用的图层操作包括新建图层、选择图层、显示和隐藏图层、复制图层、删除图层、调整
图层顺序、图层的组合与链接等，这些操作都可以在图层面板里完成。下面我们通过实例介绍
图层操作的运用。

【例 8-3】设计软件光盘：某公司开发了一个"通用生活费管理系统" 软件，准备制作成
光盘，现在需要设计这个光盘的盘面，效果如图 8-39（a）所示。

操作步骤如下：

（1）打开一个光盘形状的图像文件，如图 8-39（b）所示。

（2）复制一个星星图案，到文档中粘贴，并复制 6 个，摆放在合适的位置，如图 8-38
（c）所示。

（3）用 Word 文字处理软件制作一个艺术字"通用生活费管理系统"，并复制、粘贴到文
档中，如图 8-39（d）所示。

（4）用文字工具在图像上适当的地方输入版本号和开发公司署名，合并图层并保存文件，
得到图 8-39（a）所示的效果。

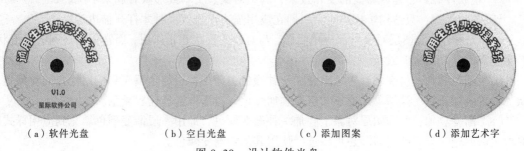

　（a）软件光盘　　　　（b）空白光盘　　　　（c）添加图案　　　　（d）添加艺术字

图 8-39　设计软件光盘

8.3.3　图层样式

1. 图层样式的作用和特点

图层样式是 Photoshop 中一个用于制作各种效果的强大功能，利用图层样式功能，可以简单快捷地制作出各种立体投影，各种质感以及光景效果的图像特效。与不用图层样式的传统操作方法相比较，图层样式具有速度更快、效果更精确，更强的可编辑性等无法比拟的优势。

图层样式被广泛地应用于各种效果制作当中，其主要体现在以下几个方面：

（1）通过不同的图层样式选项设置，可以很容易地模拟出各种效果。这些效果利用传统的制作方法会比较难以实现，或者根本不能制作出来。

（2）图层样式可以被应用于各种普通的、矢量的和特殊属性的图层上，几乎不受图层类别的限制。

（3）图层样式具有极强的可编辑性，当图层中应用了图层样式后，会随文件一起保存，可以随时进行参数选项的修改。

（4）图层样式的选项非常丰富，通过不同选项及参数的搭配，可以创作出变化多样的图像效果。

（5）图层样式可以在图层间进行复制，移动，也可以存储成独立的文件，将工作效率最大化。

2. Photoshop 的 10 种图层样式

（1）投影：将为图层上的对象、文本或形状后面添加阴影效果。投影参数由"混合模式"、"不透明度"、"角度"、"距离"、"扩展"和"大小"等各种选项组成，通过对这些选项的设置可以得到需要的效果。

（2）内阴影：将在对象、文本或形状的内边缘添加阴影，让图层产生一种凹陷外观，内阴影效果对文本对象效果更佳。

（3）外发光：将从图层对象、文本或形状的边缘向外添加发光效果。设施参数可以让对象、文本或形状更精美。

（4）内发光：将从图层对象、文本或形状的边缘向内添加发光效果。

（5）斜面和浮雕："样式"下拉菜单将为图层添加高亮显示和阴影的各种组合效果。

"斜面和浮雕"对话框样式参数解释如下：

① 外斜面：沿对象、文本或形状的外边缘创建三维斜面。

② 内斜面：沿对象、文本或形状的内边缘创建三维斜面。

③ 浮雕效果：创建外斜面和内斜面的组合效果。

④ 枕状浮雕：创建内斜面的反相效果，其中对象、文本或形状看起来下沉。

⑤ 描边浮雕：只适用于描边对象，即在应用描边浮雕效果时才打开描边效果。

（6）光泽：将对图层对象内部应用阴影，与对象的形状互相作用，通常创建规则波浪形状，产生光滑的磨光及金属效果。

（7）颜色叠加：将在图层对象上叠加一种颜色，即用一层纯色填充到应用样式的对象上。从"设置叠加颜色"选项可以通过"选取叠加颜色"对话框选择任意颜色。

（8）渐变叠加：将在图层对象上叠加一种渐变颜色，即用一层渐变颜色填充到应用样式的对象上。通过"渐变编辑器"还可以选择使用其他的渐变颜色。

（9）图案叠加：将在图层对象上叠加图案，即用一致的重复图案填充对象。从"图案拾色器"还可以选择其他的图案。

（10）描边：使用颜色、渐变颜色或图案描绘当前图层上的对象、文本或形状的轮廓，对于边缘清晰的形状（如文本），这种效果尤其有用。

3．图层样式的应用

使用图层样式，可以快速创建投影、发光、浮雕和叠加等效果。应用图层样式相当简单，无须逐步模糊、复制及偏移图层，只要在图层中创建图形、文本等，再选择使用一种样式即可。

（1）阴影效果。可利用"图层样式"中的投影，在图像下面产生阴影，给人一种立体感。

设置投影样式的操作步骤如下：

① 选中要设置投影样式的图层，执行"图层"→"图层样式"→"投影"菜单命令，进入如图 8-40 所示的"投影"的对话框。

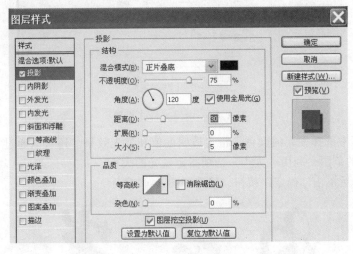

图 8-40　阴影样式设置

② 在顶部的颜色调板中设置阴影的颜色，"不透明度"选项中设置阴影的不透明度，"距离"选项中指定图像和阴影之间的距离，"扩展"选项中指定阴影的扩展程度，"大小"选项中指定阴影的大小。

③ 设置完成后单击"确定"按钮，效果如图 8-41 所示。

如果选择"图层样式"中的"内阴影"，则可在图像的里面产生内阴影，使图像产生一种剪刀裁剪过的镂空效果。内阴影效果如图 8-42 所示。

图 8-41　阴影效果　　　　　　　　　　　图 8-42　内阴影效果

（2）发光效果。内发光用于在图像内部表现光线的发散效果，而外发光则用于在图像外部表现光线的发散效果。

设置内发光样式的操作步骤如下：

① 选中要设置投影样式的图层，执行"图层"→"图层样式"→"内发光"菜单命令，进入如图 8-43 所示的"内发光"的对话框。

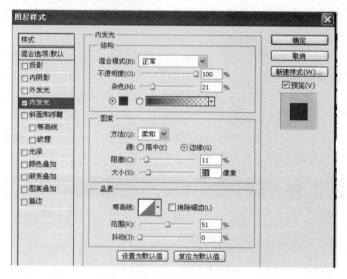

图 8-43 内发光样式设置

② 在颜色框中选择发光的颜色，指定透明度值和发光效果。还可以通过"扩展"选项设定应用发光效果的范围，利用"大小"选项指定发光的大小。

③ 设置完成后单击"确定"按钮，效果如图 8-44 所示。

图 8-44 内发光效果

在外发光效果中，可以通过"杂色"选项在发光图像上添加点状的杂点制作特殊的发光效果。使用"等高线"可以改变发光效果光线形态。外发光效果如图 8-45 所示。

图 8-45 外发光效果

（3）浮雕效果。浮雕效果包括外浮雕、内浮雕、浮雕、枕状浮雕、描边浮雕等五种形态，可使用图层中的图像产生五种不同的立体浮雕效果。

执行"图层"→"图层样式"→"斜面和浮雕"菜单命令后，显示的图层样式对话框如图 8-46 所示。

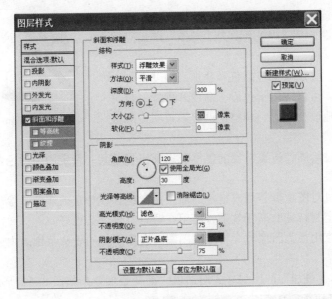

图 8-46 浮雕样式设置

　　该效果有两个子面板，其中"等高线"可以根据图像外部轮廓，调整浮雕效果的光线照射效果；而"纹理"则可以为浮雕效果加上纹理，纹理的图案可以自行设定。

　　在"浮雕效果"面板中，"手法"选项决定雕刻边缘的形态（光滑、硬雕刻、软雕刻）；"深度"滑块决定浮雕的深度和力度；"大小"决定平面和倾斜面的大小；"软化"决定雕刻效果的锐利度。

图 8-47 浮雕效果

　　浮雕样式的应用效果如图 8-47 所示。

　　（4）光泽效果。光泽效果用于表现图像中光滑的绸缎色泽，也可以用于制作不规则形态的图案，色调是以工具箱中的前景色为基础表现的。

　　执行"图层"→"图层样式"→"光泽"菜单命令后，显示的"光泽"图层样式对话框如图 8-48 所示。

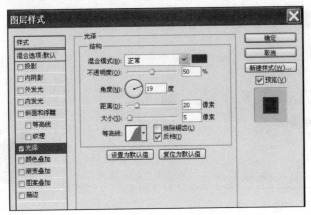

图 8-48 光泽效果设置

调整"结构"选项中的"距离"和"大小"数值，就可以调整光泽效果。图 8-49 所示为"光泽"样式应用效果。

图 8-49　光泽效果

（5）叠加效果。叠加效果包括色彩叠加、渐变叠加、图案叠加三种效果。可以应用于色彩、渐变和图案，也可以在任意时候自由地改变它们，调整比例、不透明度和混合模式等。

色彩叠加是通过给图像覆盖特定的色调，以突出显示某一特定图像的色调。结合混合模式可以得到独特的效果。

渐变叠加是通过对图像覆盖用户指定的渐变色彩组合成特定的颜色，像彩虹的形态应用到图像上。用户可以定制特殊的渐变效果，应用在背景上效果会更好。

图案叠加通常应用在为图像填充特定的图案。在原图像的轮廓范围之内，可以填充任意的图案内容。

图 8-50 是"渐变叠加"的图层样式对话框。渐变叠加效果如图 8-51 所示。

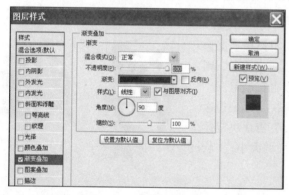

图 8-50　渐变叠加样式设置

图 8-51　渐变叠加效果

（6）描边效果。描边即以一定的宽度沿图像边缘勾勒图像轮廓。可以使用渐变色或图案进行描边。

图 8-52 是"描边"的图层样式对话框。描边样式应用效果如图 8-53 所示。

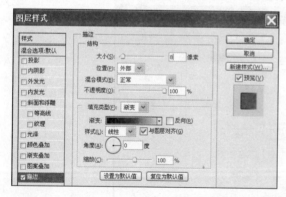

图 8-52　描边样式设置

图 8-53　描边效果

8.3.4　图层操作实例

下面我们通过实例来说明图层操作的运用。

【例 8-4】制作投影文字。

（1）打开素材文件 picture1.jpg 在图层面板中选择需要应用图层样式的图层，如图 8-54 所示。

图 8-54　选中图层

（2）单击图层面板下方的"添加图层样式"按钮，在弹出的菜单中选择"投影"命令，打开图 8-55 所示的对话框。

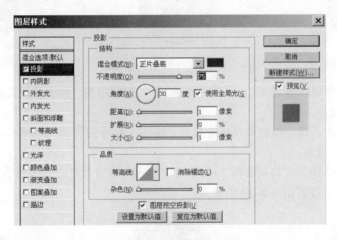

图 8-55　图层样式对话框

（3）在图层样式对话框中为选中的文字图层添加投影（长度 25 像素）、外发光、斜面浮雕效果和渐变叠加样式。单击"确定"按钮后效果如图 8-56 所示。

图 8-56　图层样式应用效果

【例 8-5】 制作玻璃透明质感圆形按钮。

（1）新建一个文件，高和宽均为 200 像素。

（2）新建一个图层"图层 1"，在工具箱中选择"椭圆形选框工具"，按住【Shift】键拖动光标以创建一个 50×50 的圆形选择区域。

（3）设置前景色为#99CCFF，背景色为#006699，在工具箱中选择渐变工具从圆形左上角到右下角，作圆形辐射渐变效果，如图 8-57 所示。

（4）新建一个图层"图层 2"，在工具箱中选择"椭圆形选框工具"，按住【Shift】键拖动光标以创建一个 44×44 的圆形选择区域。放置于"图层 1"所画圆形的正中心，保持前景色和背景色的设置不变，在工具箱中选择"渐变工具"，从圆形的右下角到左上角作圆形辐射渐变效果，如图 8-58 所示的效果。

（5）新建一个图层得到"图层 3"，在工具箱中选择"椭圆形选框工具"，按住【Shift】键拖动光标以创建一个 42×42 的圆形选择区域。放置于"图层 2"所画圆形的正中心，设前景色为#99CCFF，背景色为#003366，在工具箱中选择渐变工具，从圆形的右下角到左上角作圆形辐射渐变效果，得到图 8-59 所示的效果。

图 8-57　渐变填充效果　　　图 8-58　图层 2 辐射渐变效果　　　图 8-59　图层 3 辐射渐变效果

（6）新建一个图层"图层 4"，保持"图层 3"的选区不变，向下移动选择区域，直至得到如图 8-60 所示的效果。

（7）在工具箱中选择"椭圆形选框工具"，按住【Alt】键拖动光标减少当前选择区域，得到如图 8-61 所示的效果。

（8）将"图层 4"的选区移到如图 8-62 所示的位置，将背景色设置为白色。按【Ctrl+Delete】组合键填充背景色，得到如图 8-63 的效果。

图 8-60　移动选区　　　　　图 8-61　减少选区　　　　　图 8-62　移动

（9）按【Ctrl+D】组合键取消选择区域，依次选择"滤镜"→"模糊"→"高斯模糊"菜单命令，半径设置为 4.0 像素，将当前图层的混合模式设置为"滤色"模式，其不透明度数值设置为 65%。

（10）执行"编辑"→"变换"→"旋转"菜单命令，将图层 4 旋转并调整到相应位置，得到如图 8-64 所示的效果。

（11）选定"图层 1"，单击添加图层样式按钮，在弹出的菜单中选择"阴影"命令，保持默认设置不变，得到如图 8-65 的玻璃透明质感的圆形按钮。

图 8-63 填充白色

图 8-64 变换图像

图 8-65 最终效果

【例 8-6】制作导航按钮。

操作步骤如下：

（1）新建一个 500×200 像素的文件，背景填充为黑色。

（2）选择"矩形选区工具"，设置矩形固定大小为 100×40px（见图 8-66），绘制矩形选区。

图 8-66 矩形工具设置

（3）选择"渐变填充工具"，设置"线性渐变"，颜色从 #68ad40 和#4c8c2c。填充矩形效果如图 8-67 所示。

（4）执行"图层"→"图层样式"→"内发光"菜单命令，在对话框中进行发光设置，参数如图 8-68 所示。

（5）执行"图层"→"图层样式"→"渐变叠加"菜单命令，在对话框中进行设置，参数如图 8-69 所示。

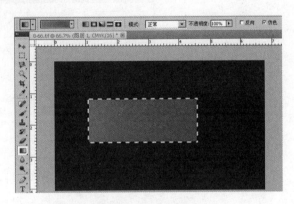

图 8-67 填充矩形

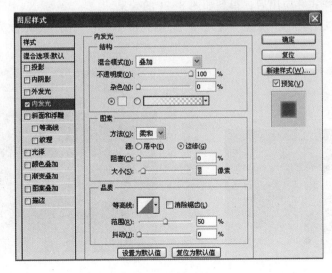

图 8-68 内发光设置

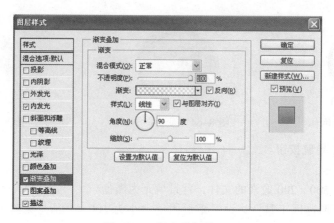

图 8-69　渐变叠加设置

（6）执行"图层"→"图层样式"→"描边"菜单命令，在对话框中进行设置，参数如图 8-70 所示。

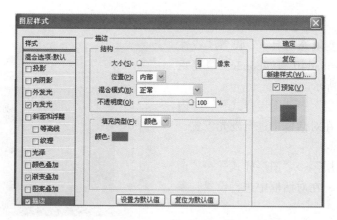

图 8-70　描边设置

（7）设置图层样式并应用后，得到如图 8-71 的效果。

（8）选择"减淡工具"，设置"高光"、"曝光度 10%"，制作矩形发光效果，如图 8-72 所示。

图 8-71　设置图层样式后的效果

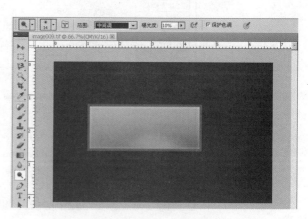

图 8-72　制作发光效果

（9）连续复制按钮图层，并移动矩形对象，得到多个按钮，效果如图 8-73 所示。

图 8-73　制作多个发光按钮

（10）利用文本工具输入相应文字，最终得到如图 8-74 所示的效果。

图 8-74　导航按钮最终效果

8.4　滤镜的应用

为了丰富照片的图像效果，摄影师们在照相机的镜头前加上各种特殊影片，这样拍摄得到的照片就包含了所加镜片的特殊效果，即称为"滤色镜"。特殊镜片的思想延伸到计算机的图像处理技术中，便在 PhotoShop 中产生了"滤镜"，它是一种特殊的图像效果处理技术。

一般来说，滤镜都是遵循一定的程序算法，对图像中像素的颜色、亮度、饱和度、对比度、色调、分布、排列等属性进行计算和变换处理，其结果便是使图像产生特殊效果。

Photoshop CS5 中提供了多种滤镜，它们都包含在"滤镜"菜单中，如图 8-75 所示。

限于篇幅，本书只选择其中一些特色滤镜予以介绍。

1．滤镜库

滤镜库中集成了多种滤镜，可以选用其中的一种或多种应用到图层中。执行"滤镜"→"滤镜库"菜单命令时，Photoshop 会分组显示滤镜库中的滤镜，以供选择，如图 8-76 所示。

图 8-75　滤镜菜单

图 8-76　"滤镜库"对话框

如从中选择纹理组的纹理化滤镜，则效果如图 8-77 所示。

图 8-77　使用"纹理化"滤镜前后对比

2．浮雕效果

浮雕效果滤镜能通过勾画图像的轮廓和降低周围色值来产生灰色的浮凸效果，应用浮雕效果滤镜后，图像会自动变为深灰色，有把图像里的图片凸出的感觉。执行"滤镜"→"风格化"→"浮雕效果"菜单命令，可以弹出浮雕效果对话框进行设置。图 8-78 是运用浮雕效果滤镜的效果。

图 8-78　使用"浮雕效果"滤镜前后对比

3．风

风滤镜在图像中创建水平线以模拟风的动感效果。它是制作纹理或为文字添加阴影效果时常用的滤镜工具。执行"滤镜"→"风格化"→"风"菜单命令，可以弹出风滤镜对话框进行设置。图 8-79 是运用风滤镜的效果。

图 8-79　使用"风"滤镜前后对比

4．动感模糊

动感模糊滤镜模仿拍摄运动物体的手法，通过对某一方向上的像素进行线性位移产生运动模糊效果，它实际上是把当前图像的像素向两侧拉伸。执行"滤镜"→"模糊"→"动感模糊"菜单命令，可以弹出动感模糊对话框，可以对表示方向的角度以及拉伸的距离进行调整。图 8-80 是运用风滤镜的效果。

图 8-80　使用"动感模糊"滤镜前后对比

5．水波

水波滤镜在图像中产生的波纹就像在水池中抛入一块石头所形成的涟漪，它尤其适于制作同心圆类的波纹。执行"滤镜"→"扭曲"→"水波"菜单命令，可以弹出水波滤镜对话框进行设置，图 8-81 是运用水波滤镜的效果。

图 8-81　使用"水波"滤镜前后对比

6．光照效果

光照效果包括多种不同的光照样式、3 种光照类型和 4 组光照属性，可以在 RGB 图像上制作出各种各样的光照效果。执行"滤镜"→"渲染"→"光照效果"菜单命令，可以弹出光照效果滤镜对话框进行设置，图 8-82 是运用光照效果滤镜的效果。

图 8-82　使用"光照效果"滤镜前后对比

7．添加杂色

添加杂色滤镜可以给图像添加一些随机产生的干扰颗粒，常用于修饰图像中不自然的区域。该滤镜可用于减少羽化图像或渐变填充中的条纹，或使经过重大修饰的图像区域看起来更加自然。执行"滤镜"→"杂色"→"添加杂色"菜单命令，可以弹出添加杂色滤镜对话框进行设置，图 8-83 是运用添加杂色滤镜的效果。

图 8-83　使用"添加杂色"滤镜前后对比

8．滤镜应用综合实例

滤镜的操作是非常简单的，但是真正用起来却很难恰到好处。滤镜通常需要同图层、通道等联合使用，才能取得最佳艺术效果。下面介绍两个综合应用的例子。

【例 8-7】制作雨景的效果。

操作步骤如下：

（1）打开如图 8-84 所示的图像。

（2）将图层复制为"背景副本"图层，并对背景副本图层执行"滤镜"→"像素化"→"点状化"菜单命令，在弹出的点状化对话框中，设置"单元格"大小为 3，确定后效果如图 8-85 所示。

图 8-84　原始图像

图 8-85　使用"点状化"滤镜后的效果

（3）执行"图像"→"调整"→"阈值"菜单命令，在弹出的阈值对话框中，设置"阈值色阶"为 160，确定后效果如图 8-86 所示。

（4）执行"图层"→"图层样式"→"混合选项"菜单命令，在弹出的混合选项对话框中，将"混合模式"设为滤色，确定后效果如图 8-87 所示。

图 8-86　添加"阈值"后的效果

图 8-87　调整混合模式后的效果

（5）执行"滤镜"→"模糊"→"动感模糊"菜单命令，在弹出的动感模糊对话框中，设置"角度"为 80 度、"距离"为 20 像素，确定后效果如图 8-88 所示。

（6）执行"滤镜"→"锐化"→"USM 锐化"菜单命令，在弹出的锐化对话框中，设置"数量"为 500、"半径"为 0.5 像素，确定后效果如图 8-89 所示。

图 8-88 "动感模糊"后的效果

图 8-89 "USM 锐化"后的效果

【例 8-8】制作火焰字。

操作步骤如下：

（1）新建一个 400×200 像素的文档，并将背景色设置为黑色。

（2）用横排文字工具输入文字，文本颜色设置为黄色，文字大小为 120 点，如图 8-90 所示。

（3）执行"图层"→"栅格化"→"图层"菜单命令，栅格化文字图层。

（4）执行"滤镜"→"风格化"→"风"菜单命令，在弹出的对话框选择"方法"为"风"，"方向"为"从左"，单击"确定"按钮。再重复执行一次"风"命令，加强风效果。效果如图 8-91 所示。

图 8-90 输入文字

图 8-91 应用"风"滤镜的效果

（5）执行"滤镜"→"扭曲"→"波纹"命令，在弹出的"波纹"对话框中设置"数量"为 100%，"大小"为"中"，单击"确定"按钮后应用。得到火焰字如图 8-92 所示。

图 8-92 火焰字最终效果

习 题 八

1. 简述矢量图形与位图图像的区别。

2. 创建一个图像文件，然后试着用工具箱中所有工具对其进行操作。

3. 怎样将文字图层转换为普通图层？

4. 复制图层的方法有哪几种？

5. 怎样将选区中的图形转换为新图层？

6. 用图 8-93 中左边的图像材料，组成右边的蔬菜人图案。

7. 制作一个发光字。

8. 制作一个火焰字。

9. 通过层的效果处理，制作出如图 8-94 所示的图案立体字和图案发光的效果。

图 8-93　第 6 题图　　　　　　　　　　图 8-94　第 9 题图

第9章 动画制作

动画比起静态的文字和图形，具有更强的表现力，在网页设计中适当采用动画，能起到引人入胜的效果。Flash 是一款多媒体动画制作软件，可以将图形、音乐、视频和可动的画面方便地融合在一起，以制作出内容丰富的动态效果。Flash 的出现，不仅给多媒体制作带来了活力，也给网页制作增添了无限的创意空间。Flash 动画基于矢量图形，只需少量数据就可以描述复杂的对象，因而制作出的动画体积小，非常适合在网页中使用。本章将以较新版本的 Flash CS5 为环境，介绍动画制作基本操作，以期读者通过本章学习，能够进行网页应用中所需的简单动画设计和制作。

本章内容包括：

- 动画的有关概念。
- Flash CS5 基本操作。
- 逐帧动画、补间动画、引导线动画和遮罩动画的设计和制作。
- 动画制作中的声音和视频处理。

9.1 动画的基本概念

动画本质上是在不同时间播放不同的画面。时间轴控制画面播放时间的机制，通过在时间轴上按序排列不同的画面——"帧"，就可以实现动画效果。通过图层的叠加，更可以将纷繁复杂的动画划分为一个个简单的"层"来合成。

9.1.1 时间轴

时间轴和帧是动画制作中最重要的两个概念。时间轴用于组织和控制文档内容在一定时间内播放的层数和帧数，主要由层、帧和播放头组成。另外，在时间轴的底部还有状态显示，它指示所选的帧编号、当前帧频以及到当前帧为止的运行时间。例如 Flash CS5 的时间轴如图 9-1 所示。

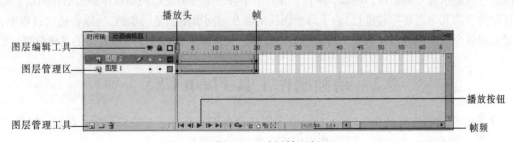

图 9-1　时间轴面板

9.1.2　帧

帧是 Flash 动画的最基本组成部分，Flash 动画就是由不同的帧组合而成的，时间轴是摆放和控制帧的地方。

1．帧

帧就是一幅静态的画面，当众多静态画面快速、连续播放时，人眼的视觉暂留就会让人产生动画的感觉。

影片是由一张张连续的图片组成的，每幅图片就是一帧，帧就是影像动画中最小单位的单幅影像画面，相当于电影胶片上的每一格镜头。一帧就是一幅静止的画面，连续的帧就形成动画，如电视图像等。

帧是构成动画的基本单位，时间轴主体由许多"帧格"组成，顶部的时间轴标题上有帧的编号，指示帧的排列顺序。帧在时间轴上的排列顺序决定了一个动画的播放顺序，至于每帧有什么具体内容，则需在相应的帧的工作区域内进行制作。

在 1 秒时间里播放的图片的帧数称之为帧频，通常用 fps（Frames Per Second）表示。每一帧都是静止的图像，快速连续地显示帧便形成了运动的假象。高的帧频可以得到更流畅、更逼真的动画。

2．关键帧

帧包含三种类型，分别是普通帧（也称过渡帧）、关键帧和空白关键帧。

关键帧有别于其他帧，任何动画要表现运动或变化，至少前后要给出两个不同的关键状态，而中间状态的变化和衔接计算机可以自动完成，在 Flash 中，表示关键状态的帧叫做关键帧。

在一个关键帧里，什么对象也没有，这种关键帧，我们就称其为空白关键帧。

3．过渡帧

在两个关键帧之间，计算机自动完成过渡画面的帧叫做过渡帧。

关键帧和过渡帧的区别是：两个关键帧的中间可以没有过渡帧（如逐帧动画），但过渡帧前后肯定有关键帧，因为过渡帧附属于关键帧； 关键帧可以修改该帧的内容，但过渡帧无法修改该帧内容；关键帧中可以包含形状、剪辑、组等多种类型的元素或诸多元素，但过渡帧中对象只能是剪辑（影片剪辑、图形剪辑、按钮）或独立形状。

9.1.3　层

层在时间轴的左侧，每个层中包含的帧显示在该层右侧的一行中。在制作较复杂的动画，特别是拥有较多对象的动画时，同时对多个对象进行编辑就会造成混乱。如果每个图层具有自己一系列的帧，各个图层可以独立地进行编辑操作，这样就可以在不同的图层上设置不同对象的动画效果。每个图层可以显示独立的图像，动画，声音，等互不干涉，很多精美的画面制作都离不开图层，他可以让动画中的几个进程一起进行！由于每个图层的帧在时间节拍上是同步的，所以在播放过程中，同时显示的各个图层能够相互融合，协调播放。这样，从整体上就形成了纷繁复杂的动画效果。

9.2　动画制作工具 Flash CS5

在众多的动画制作软件中，Flash 是一款多媒体动画制作软件，可以将图形、音乐、视频和可动的画面方便地融合在一起，以制作出内容丰富的动态效果。

9.2.1 Flash CS5 的工作环境

1. 开始页

运行 Flash CS5，进入"开始页"，常用的任务都集中放在一个页面中，包括"打开最近项目"、"创建新项目"、"从模板创建"以及帮助信息等。开始页如图 9-2 所示。

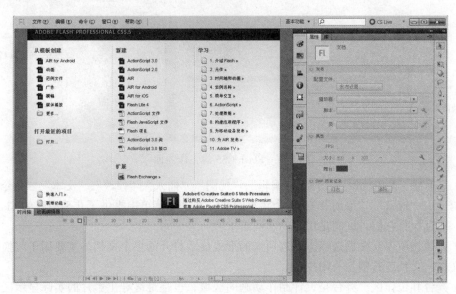

图 9-2　开始页

其中：

"从模板创建"区域中列出创建新的 Flash 文档最常用的模板，单击所需模板即可创建相应形式的文档。

"打开最近的项目"用于打开最近使用过的 Flash 文档。

"新建"区域列出了 Flash 文档类型，常规动画制作可选 ActionScript 3.0 或 ActionScript 2.0。

"学习"区域中列出了一些帮助学习 Flash CS5 的参考资料。

2. 工作界面

在开始页选择"新建"下的 ActionScript 3.0 或 ActionScript 2.0 选项，启动 Flash CS5 的工作界面并新建一个影片文档，如图 9-3 所示。

Flash CS5 的工作界面由标题栏、菜单栏、文档选项卡、场景和舞台、时间轴面板、属性面板、工具箱以及各种浮动面板组成。

（1）标题栏。标题栏包含 Flash 标志、工作区布局下拉菜单、搜索栏和窗口控制按钮。其中，工作区布局下拉菜单用于设置 Flash CS5 工作界面的布局，有"动画"、"传统"、"调试"、"设计人员"、"开发人员"、"基本功能"和"小屏幕"7 个默认的布局选项以及自定义布局方式的有关选项，创作者可以根据自己的不同习惯来选择。例如，用程序代码进行复杂动画设计者可以选择"开发人员"工作区布局，习惯于 Flash 早期版本的老用户可以选择"传统"工作区布局。

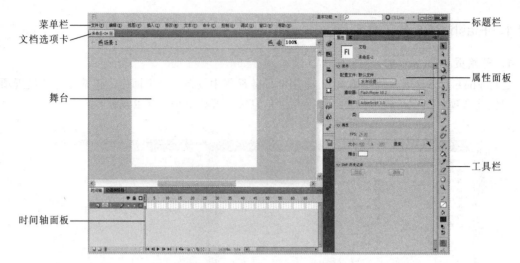

菜单栏
文档选项卡
舞台
时间轴面板
标题栏
属性面板
工具栏

图 9-3　Flash CS5 的工作界面

（2）菜单栏。菜单栏由"文件"、"编辑"、"视图"、"插入"、"修改"、"文本"、"命令"、"控制"、"调试"、"窗口"、"帮助"等 11 个菜单组成，在这些菜单中提供了几乎所有的 Flash CS5 命令项，通过执行它们可以满足用户的不同需求。

（3）文档选项卡。文档选项卡以选项卡的形式显示打开的多个文档，主要用于切换当前要编辑的文档，文档名右侧是关闭按钮。

（4）舞台和工作区。舞台是设计制作动画的区域，也是最终导出影片的实际显示区域，在舞台上可以放置和编辑图片、文本、按钮、导入的位图、视频剪辑等对象。

工作区是衬托在舞台后面的浅灰色区域，在制作动画时，可以将素材暂时放在工作区，使用 Flash Player 播放时，工作区中的内容将不显示，如图 9-4 所示。

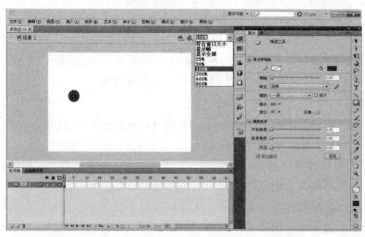

图 9-4　舞台和工作区

工作时根据需要可以改变"舞台"显示的比例大小，可以在工作区右上角的"显示比例"中设置显示比例。在下拉菜单中有三个选项，"符合窗口大小"选项用来自动调节到最合适的舞台比例大小；"显示帧"选项可以显示当前帧的内容；"显示全部"选项能显示整个工作区中包括在"舞台"之外的元素。

（5）时间轴面板。时间轴面板位于工作区下方，用于组织和控制文档内容在一定时间内播放的图层数和帧数。时间轴面板分为左右两部分，左侧为图层操作区，可以隐藏、显示、锁定、解锁图层和新建、删除图层；右侧为帧操作区，由时间轴标尺、帧、播放指针以及状态栏组成，如图 9-5 所示。

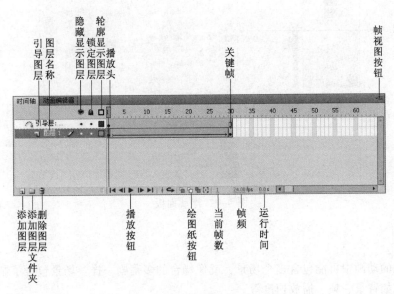

图 9-5　时间轴面板

时间轴中的一个小方格代表一帧。如果帧格中是实心的黑圆点，表示该帧为关键帧，每个关键帧的内容可以不同；如果帧格中是空心的圆点，表示该帧为空白关键帧；如果帧格呈现灰色，则表示这一帧延续前面的关键帧的内容；一个连续帧段的最后一帧用方框表示。

如果两个关键帧之间有一条带箭头的实线相连，表示这两个帧之间有补间动画（只给出第一帧和最后一帧画面，中间由 Flash 按规律自动补齐的动画）；如果两个关键帧之间的连接线为虚线，则表示补间是断的或不完整的。

当播放头在时间轴上移动时，可以指示当前显示在舞台中的帧，时间轴标尺显示动画的帧编号，要在舞台上显示指定帧，可以将播放头移到时间轴中该帧的位置。

时间轴状态显示在时间轴的底部，它指示当前所选的帧编号、当前帧频以及到当前帧为止的运行时间。

（6）属性面板。对于正在使用的工具或资源，属性面板可以显示相应的信息和设置，可以很容易地查看和更改它们的属性。

（7）工具箱。包含用于创建、放置、修改文本和图形的工具，它是 Flash 中最常用到的一个面板，由"工具"、"查看"、"颜色"和"选项"四部分组成，如图 9-6所示。

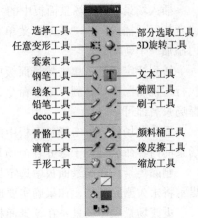

图 9-6　工具箱

（8）浮动面板。除属性面板外，还有动作面板、行为面板、颜色面板、库面板等，但因为屏幕大小有限，为了使工作区尽可能大，Flash CS5 允许只在需要时显示它们。要显示或隐藏某个面板，只需从"窗口"菜单中选中相应的命令或单击相应面板的缩略图标，如图 9-7 所示。

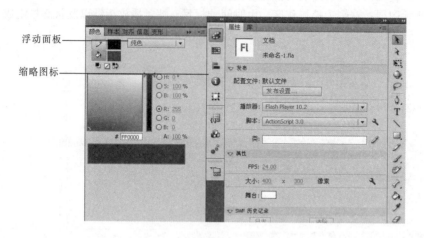

图 9-7　浮动面板

9.2.2　场景

一个复杂的动画中可能包含多个场景，就像舞台的多幕剧一样。场景包含了制作动画所需的基本设置，如背景、帧、播放速度等。

背景是画面的背景颜色或背景图形文件。一般动画都需要一个贯穿全场的背景，复杂一点的动画还可以利用一个以上的场景来设置不同的背景，就像到不同的地方拍摄电影外景一样。

对场景的操作，一般通过"场景"面板进行。执行"窗口"→"其他面板"→"场景"菜单命令，即可出现如图 9-8 的场景面板。

场景的基本操作有插入场景、转到特定场景、删除场景等。

插入场景：单击场景面板中的"添加场景"按钮，或者执行"插入"→"场景"菜单命令，即可在面板内添加一个新场景。

转到特定场景：单击场景面板中的场景名，或者执行"视图"→"转到"菜单命令，从级联菜单中选择场景名即可。

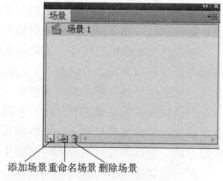

图 9-8　场景面板

重命名场景：单击场景面板中的场景名，然后重新输入新名字。在制作多场景动画时。按场景的内容命名有利于区分各个场景。

删除场景：在场景面板中选定场景名，然后单击"删除场景"按钮，会弹出一个对话框，提示将永久删除场景，如果确实要删除，单击"确定"按钮即可。

更改场景顺序场景：在场景面板中的将场景名拖到不同的位置。

9.2.3　库面板

Flash CS5 的库面板存储了创建的图形和导入的视频剪辑、声音剪辑、位图、矢量图等，这些均可称之为"元件"。存储在库面板中的元件，使用时将其拖拽到动画的舞台中即可。图 9-9 所示的库面板中有 3 个元件，元件名称左边的图标标示了该项目的类型。

当把一个元件放到舞台中时，就称为创建了该元件的一个"实例"，在 Flash 动画文件中，一个元件不管创建了多少个实例，文件中仅存储一个副本。因此，应用元件进行创建动画可以减小文件的大小，缩短文件的下载时间。另外，修改任意一个实例的属性，都不会影响到元件库中元件的性质（不过，如果修改了元件的属性，则应用该元件的所有实例都会发生相应的变化）。

1. 创建元件

库面板左下角有四个按钮，分别是"创建元件"、"新建文件夹"、"元件属性"和"删除元件"，如图 9-9 所示。

单击创建元件按钮，出现"创建新元件"对话框，如图 9-10 所示。

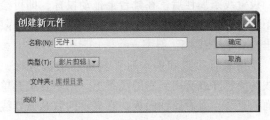

图 9-9　库面板　　　　　　　　　　　　图 9-10　"创建新元件"对话框

输入元件名称，选定元件类型等后，进入元件编辑状态，如图 9-11 所示。

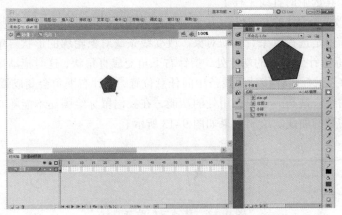

图 9-11　元件编辑状态

从图中可以看到，场景标签（场景 1）旁边出现了一个元件标签，且当前编辑的就是这个元件（元件 1）。编辑完毕，单击场景标签，即可回到动画编辑状态。

2. 新建文件夹

可以使用文件夹来组织库面板中的元件，就像在 Windows 资源管理器中一样。创建一个新元件时，它会存储在选定的文件夹下，如果没有选定文件夹，该元件就存储在库的根目录下。

如果要创建新文件夹，可以单击库面板中"新建文件夹"按钮。

3．删除元件

如果要删除元件，先选定元件，再单击"删除元件"按钮即可。

4．修改元件属性

修改元件属性，如元件名称、类型等可以通过库面板进行修改，方法是选定某个元件，然后单击库面板中的属性按钮。

9.2.4 绘图工具

Flash CS5 提供了各种工具来绘制自由形状或准确的线条、形状和路径，并可用来对填充对象涂色。

1．线条及相关工具

线条工具可以绘制最简单的直线或者斜线，单击线条工具后，在其属性面板中选择设置笔触颜色、粗细、线条样式等，如图 9-12 所示。

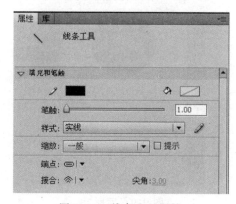

设置线条属性后，在舞台上拖动鼠标，即可绘制线条。若按住【Shift】键拖动鼠标，则可将线条限制为垂直、水平或 45° 斜率。

使用滴管工具和墨水瓶工具可以很快地将一条直线的颜色样式套用到别的线条上。用滴管工具单击上面的直线，看看属性面板，它显示的就是该直线的属性，而且工具也自动变成了墨水瓶工具。

图 9-12 线条工具属性

使用墨水瓶工具单击其他线条，所有线条的属性都变成了和滴管工具选中的直线一样了。

如果你需要更改这条直线的方向和长短，Flash CS5 也为我们提供了一个很便捷的工具：箭头工具。

箭头工具的作用是选择对象、移动对象、改变线条或对象轮廓的形状。单击选择"箭头工具"，然后移动鼠标指针到直线的端点处，指针右下角变成直角状，这时拖动鼠标可以改变直线的方向和长短；如果鼠标指针移动到线条中间任意位置，指针右下角会变成弧线状，拖动鼠标，可以将直线变成曲线。这是一个很有用处的功能，在我们鼠标绘图还不能随心所欲时，它可以帮助我们画出所需要的曲线。绘制效果如图 9-13 所示。

图 9-13 移动鼠标改变直线

2．铅笔工具

在 Flash CS5 中，铅笔工具用于随意性的绘画，它能够画出各种形状的矢量图形，其使用方法与真实铅笔大致相同。

单击工具箱上的"铅笔工具"，然后在工具箱的"选项"区选择一种绘画模式，然后在属性面板中设置铅笔工具的属性，如笔触的颜色、粗细、线型（实线、虚线、点状线）等，与线条工具类似。然后在舞台上拖动鼠标，即可绘制各种形状。铅笔的绘画模式如图 9-14 所示。

绘画模式中各项的意义如下：

伸直：可以绘制直线，并将接近三角形、椭圆、矩形和正方形的形状转换为这些常见的几何图形。

平滑：使所有曲线无棱角，趋向光滑。

墨水：使所有曲线比较接近于手绘效果，特别适合于写艺术字、签名等，用来画卡通画效果也不错。

3. 矩形工具

矩形工具是创建平面图形中经常要用到的工具，与铅笔工具、线条工具不同的是，它不但绘制图形的外轮廓线，同时还对轮廓线内部封闭的区域进行填充。

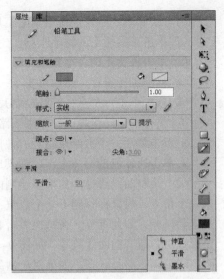

图 9-14　铅笔的绘画模式

Flash CS5 的矩形工具组中，包含矩形工具、椭圆工具、基本矩形工具、基本椭圆工具和多角星形工具，在其属性面板中设置笔触的颜色、粗细、线型和填充颜色等，然后在舞台上拖动鼠标，即可绘制出相应形状。矩形工具属性面板如图 9-15 所示。

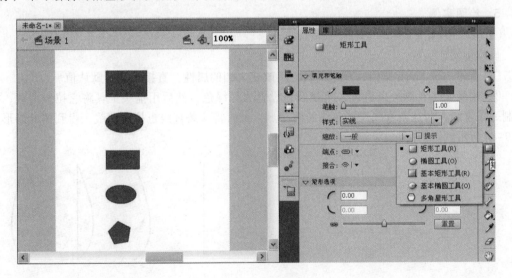

图 9-15　矩形工具属性面板

可以在属性面板中设置矩形的"边角半径"来绘制圆角矩形或星形。如图 9-16 所示的星形和圆角矩形，其边角半径分别为-53 和 28。

4. 钢笔工具

钢笔工具可用来绘制精确的路径，如平滑、流动的曲线，用户可以先创建直线或曲线段，然后调整直线段的斜率、长度和曲线段的曲率。

图 9-16　边角半径为-53 和 28 的"矩形"

（1）绘制直线路径。使用钢笔工具绘制直线路径的步骤如下：

① 单击工具箱上的钢笔工具。

② 单击舞台上的一个角点。

③ 移动鼠标指针，然后单击下一个点，一条线段将这两个点连接起来。

④ 依次单击每个点，继续绘制其他线段。

⑤ 执行下列操作之一，结束该路径的绘制。

● 双击最后一个点结束路径，并使其成为断开路径。

● 单击所绘制的第一个点，使其成为封闭路径。

（2）绘制曲线路径。如果要绘制曲线段，则要在绘制点时单击并拖动。方法是：单击放置第一个角点，将鼠标移到下一个点位，然后单击并拖动以产生一个曲线点，再单击下一个点位并拖动鼠标，如此重复。在每次单击和拖动时，曲线段就会扩展到新点位，双击最后一个点位便形成一条断开的曲线路径，如图 9-17 所示。

（3）调整路径状态。如果对绘制的曲线不满意，还可以进行修改。对于直线，使用工具箱中的"部分选取"工具选定该路径，然后单击某个点并拖动到新的位置。对于曲线，使用"部分选取"工具先单击想要调整的点位，使其出现调整句柄（一条两端带有小圆点的直线，见图 9-17），再拖动句柄进行调整。如果向下拖动右侧句柄小圆点，则左侧点将上升，按下【Alt】键并拖动，可以使一侧点独立移动。

5．绘图实例

（1）绘一片树叶。

操作步骤如下：

① 新建一个 Flash 文档，在这里我们不改变文档的属性，直接使用其默认值。

② 用线条工具画一条直线，笔触颜色设置为深绿色，然后用箭头工具将它拉成曲线，再绘制一条直线，用这条直线连接曲线的两端点，最后将这条直线也拉成曲线，得到树叶外形如图 9-18 所示。

图 9-17　用钢笔工具绘制的曲线路径　　　　　　图 9-18　绘制树叶外形

③ 在两端点间画一条直线，然后拉成曲线，再画旁边的细小叶脉，可以全用直线，也可以略加弯曲，这样，一片简单的树叶就画好了，如图 9-19 所示。

④ 单击"填充颜色"按钮，会出现一个调色板，同时光标变成吸管状。我们在调色板里选取绿色，单击工具箱里"颜料桶工具"，在画好的叶子上单击一下，就可以填充一个封闭的区域，效果如图 9-20 所示。

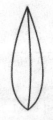

图 9-19　绘制树叶

图 9-20　填充颜色

（2）画一个童话小屋。

现在我们画一个童话小屋，如图 9-21 所示。

操作步骤如下：

① 创建一个新文档。执行"修改"→"文档"菜单命令，设置背景颜色为淡蓝色。

② 选择"铅笔工具"和"线条工具"，设置黑色实线绘制小屋外形，并借助"选择工具"调整线条弧度，效果如图 9-22 所示。

③ 利用"颜料桶工具"，为房子填充颜色。填充颜色分别选择深蓝色、浅蓝色、白色。得到如图 9-23 所示效果。

图 9-21　童话小屋

注意：　"颜料桶工具"使用过程中对其选项进行相应设置。

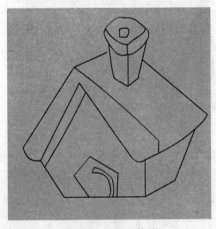

图 9-22　小屋外形

图 9-23　填充颜色

④ 利用"选择工具"，选择并删除图形的边缘线。得到如图 9-24 所示的效果。

⑤ 利用"选择工具"，选择整个小房子并复制。然后在"时间轴"面板中，插入一个新图层"图层 2"，并在图层中执行"粘贴"命令，将对象粘贴到"图层 2"中。同时在时间轴面板中锁定"图层 1"。复制图层如图 9-25 所示。

图 9-24　删除边缘线

图 9-25　复制图层

⑥ 在"图层 2"中，利用"部分选取工具"和"任意变形工具"对图形进行调整，并利用"填充工具"填充房子颜色。"图层 2"效果如图 9-26 所示。

⑦ 利用"部分选取工具"和"任意变形工具"对图形进行调整对"图层 1"中房子进行变形调整。并调整两个图层中图形的位置，得到如图 9-27 的效果。

图 9-26　填充效果

图 9-27　变形效果

⑧ 在"时间轴"面板中增加一个"图层 3"，选择工具箱中的"刷子工具"，在"选项"区中设置"刷子大小"和"刷子形状"，并将"填充颜色"和"笔触颜色"设置为白色，绘制出白色积雪图，得到如图 9-28 的效果。

⑨ 在"图层 3"中，利用"文字工具"输入文本"我的小屋"并设置文本为"方正舒体"、48 点、字母间距为10，文本颜色为白色，得到图 9-21 的最终效果。

图 9-28　绘制白雪

9.2.5　帧的基本操作

1. 定义关键帧

将鼠标移到时间轴上表示帧的部分，并单击要定义为关键帧的方格，然后右击方格，在弹出的快捷菜单中选择"插入关键帧"命令。

提示：这时的关键帧，没有添加任何对象，因此是空的，只有将组件或其他对象添加进去后才能起作用。添加了对象的关键帧会出现一个黑点，如图 9-29 所示。

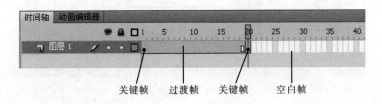

图 9-29 关键帧

关键帧具有延续功能，只要定义好了开始关键帧并加入了对象，那么在定义结束关键帧时就不需再添加该对象了，因为起始关键帧中的对象也延续到结束关键帧了。而这，正是关键帧动态制作的基础！

2．清除关键帧

选中欲清除的关键帧并右击，在弹出的快捷菜单中选择"清除关键帧"命令。

3．插入帧

选中欲插入帧的地方并右击，在弹出的快捷菜单中选择"插入帧"命令。

新添加的帧将出现在被选定的帧后。如果前面的帧有内容，那么新增的帧跟前面的帧一模一样；如果选定的帧是空白帧，那么将在这个空白帧之前、最后一个有内容的帧之后插入过渡帧。在图 9-29 中的第 25 帧插入一个空帧，结果如图 9-30 所示。

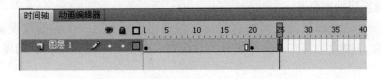

图 9-30 插入空白帧

4．清除帧

选中欲清除的某个帧或者某几个帧（按住【Shift】键可以选择一串连续的帧），然后按【Del】键就行了。

5．复制帧

选中要进行复制的某个帧或某几个帧，执行"编辑"→"复制"菜单命令，然后选定复制放置的位置，执行"编辑"→"粘贴"菜单命令。

9.2.6 图层的基本操作

在时间轴的左侧是图层管理区，可以完成图层的创建、移动、编辑、重新安排和删除等一系列操作。

1．图层的类型

Flash 图层可以分为五种类型：一般图层、遮罩图层、被遮罩图层、引导图层和被引导图层，如图 9-31 所示。

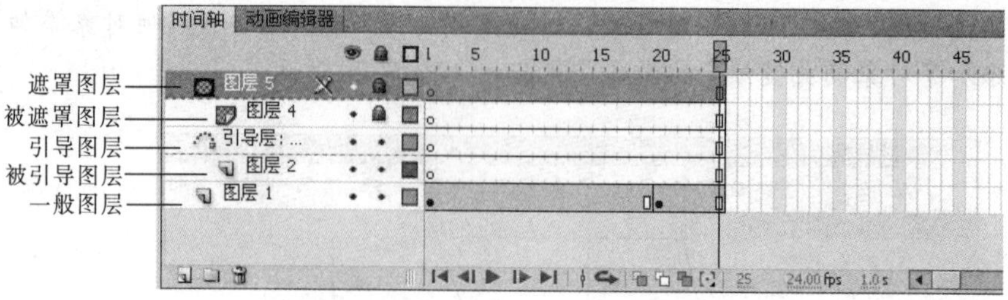

图 9-31　图层的类型

一般图层：一般图层是指普通状态的图层，图层 1 便是一般图层，在这种类型图层名称的前面将出现普通图层的图标。

遮罩图层：遮罩图层是指放置蒙版物的图层，这种图层的功能是利用本图层中的遮罩物来对下面图层的被遮罩物进行遮挡。当设置某个图层为遮罩图层时，该图层的下一图层便被默认为被遮罩图层，并且图层名称会出现缩排。图层 5 便是遮罩图层，在该种类型图层名称的前面有一个遮罩图层的图标。

被遮罩图层：被遮罩图层是与遮罩板图层对应的，用来放置被遮罩物的图层，图层 4 就是被遮罩图层，在这种类型图层名称的前面有一个被遮罩图层的图标。

引导图层：在这种类型的图层中可以设置引导线，用来引导被引导图层中的图形对象依照引导线进行移动。当图层被设置成引导图层时，在图层名称的前面会出现一个引导图层的图标，如图中的图层之上的就是引导层。此时，该图层的下方图层就被认为是被引导图层，图层的名称会出现缩排。如果该图层下没有任何图层可以成为被引导图层，那么该图层名称的前面就会出现一个被引导图层的图标 ▨。

被引导图层：这个图层与上面的引导图层相辅相成，当上一个图层被设定为引导图层时，这个图层会自动转变成被引导图层，并且图层名称会自动进行缩排，如图 9-31 中的图层 2。

2. 创建与删除图层

有 3 种方法可以新建一个图层：

- 使用菜单新建图层。执行"插入"→"时间轴"→"图层"菜单命令，可以在被选中的图层上方添加一个新图层，Flash CS5 会自动为新图层命名并依序编号。
- 使用按钮新建图层。单击时间轴面板左下方的添加按钮 ▣，可在选中的图层上方添加一个新图层。新图层添加后，Flash CS5 会自动为新图层命名并依序编号。
- 使用快捷菜单新建图层。在一个已经存在的图层上右击，打开图层快捷菜单，并执行快捷菜单中的"插入图层"命令，可在选中的图层上方添加一个新图层。

如果要删除图层，首先选中要删除的图层使其高亮度显示，然后通过以下三种方式进行删除操作：

- 右击，在弹出的快捷菜单中选择"删除图层"命令就可以删除选取的图层。
- 单击图层窗口右下方的删除按钮 ▨，也可以删除当前选取的图层。
- 选取图层后，按住鼠标左键直接将图层拖动到图层窗口右下方的删除按钮上，也可以删除图层。

如果想要恢复被删除的图层，可以执行菜单栏中的"编辑"→"撤销"命令，还原刚才进行的删除动作。

3．选取与复制图层

选取一个图层也就是激活一个图层，并将其设置为当前的操作图层。可以对该图层中的所有图形对象进行操作，也可以对该图层进行删除、复制、加锁、解锁、隐藏、显示、重命名或调整叠放顺序等操作。

激活一个图层可以有三种方法：

● 在图层窗口中单击需要激活图层的名称。

● 在时间轴上单击某一帧可以激活相应的图层。

● 在舞台选择某一图形对象，可以激活该图形对象所在的图层。

图层被激活后，在图层名称的右侧会出现一个当前图层的图标，并且该图层被高亮度显示，表明该图层就是当前的操作图层。

需要选取多个图层时，按住【Shift】键同时单击需要选取的图层名称，选取完毕后被选取的多个图层都会被高亮度显示。

需要注意的是，选取多个图层和激活一个图层是不同的。对于多个被选取的图层，只能进行删除、加锁、解锁、隐藏、显示和调整叠放顺序等操作，而不能进行复制或重命名等操作，更不能对图层中的图形对象进行操作。

在一个 Flash CS5 动画中，如果需要两个一模一样的图层时，用户就不必再重新建立图层中的各种对象，而直接可以对已经存在的图层进行复制。复制图层的操作步骤如下：

① 选取需要复制的图层，使其高亮度显示。

② 执行"编辑"→"时间轴"→"复制帧"菜单命令。

③ 新建一个图层并选中，使其成为当前操作图层。

④ 执行"编辑"→"时间轴"→"粘贴帧"菜单命令。

完成图层的复制后，可以看到两个图层的名称和内容也会一样，如图 9-32 所示。

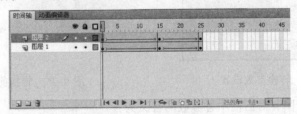

图 9-32　复制图层

复制多个图层和复制一个图层的步骤基本类似。首先选择需要复制的多个图层，使其高亮度显示，然后执行"编辑"→"时间轴"→"复制帧"菜单命令，最后新建图层，并执行"编辑"→"时间轴"→"粘贴帧"菜单命令。被复制的多个图层与原来多个图层的名称和相对位置也相同。

9.2.7　图片处理

Flash CS5 中可以使用其他程序创建的各种文件格式的矢量图形文件和位图。当导入位图时，可以应用压缩和消除锯齿功能，可以将位图直接放置在 Flash 文档中，也可以将位图转换为矢量图。

1. 导入位图

执行"文件"→"导入"→"导入到舞台"菜单命令，则导入的位图直接放置在舞台中，而且自动存入元件库中，如图 9-33 所示。如执行"文件"→"导入"→"导入到库"菜单命令，则只将导入的图片作为元件存入库中。

图 9-33　导入位图

如要将位图转换为矢量图，可以执行菜单命令"修改"→"位图"→"转换位图为矢量图"菜单命令，弹出对话框如图 9-34 所示，进行相应的设置后，转换效果如图 9-35 所示。

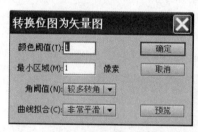

图 9-34　转换参数设置

图 9-35　转换前后效果

"转换位图为矢量图"对话框中各参数的含义为：

（1）颜色阈值。设置颜色的临界值，当两个像素在 RGB 颜色值上的差异低于该值时，认为两个像素颜色是相同的，因此，如果增大该值，则意味着降低了颜色的数量。取值范围为 1～500，该值越小，转换后的颜色越多，与原图差别越小。

（2）最小区域。设置最小区域大小，用于设置在指定像素颜色时要考虑的周围像素的数量。取值范围为 1～1000，该值越小，转换后的图像越精确，与原图差别也越小。

（3）角阈值。设置在转换时如何处理边界，确定保留锐边还是进行平滑处理。有"较多转角"、"一般"和"较少转角"三个选项。

（4）曲线拟合。设置曲线的平滑程度，有"像素"、"非常紧密"、"紧密"、"一般"、"平滑"和"非常平滑"六个选项。

2. 选定对象

对图形对象进行操作之前，一般应先选定对象，Flash 中选定对象的方法有多种，包括"选择"工具、"套索"工具等。

（1）使用选择工具选定对象的操作方法如下：

① 要选定笔触（图形外轮廓）、填充、元件实例等，则单击工具箱中的"选择工具"，然后单击该对象。图 9-36 中的第一个椭圆是单击外框线后被选定笔触，第二个椭圆是单填充区域。

② 要选定连接线，则单击单击工具箱中的"选择工具"，然后双击其中一条线。

③ 要选定填充的形状以及笔触轮廓，则单击工具箱中的"选择工具"，然后双击填充区域。图 9-36 中的第三个椭圆是双击填充区域后，填充形状和笔触轮廓都被选定了。

图 9-36　选定对象

④ 要在矩形区域内选择对象，则单击工具箱中的"选择工具"，然后在要选定的一个或多个对象周围拖画出一个选取框。

（2）使用套索工具选定对象。使用套索工具可以勾画出不规则或多边形的选择区域来选定所需的对象。如果勾画出不规则来选定的对象，只需单击工具箱中的"套索工具"，然后在图形对象周边拖动，形成一个"包围圈"，即可选定包围圈内的对象。图 9-37 中选定椭圆和三角形。

3. 对象变形

使用工具箱中的"任意变形工具"，或者执行"修改"→"变形"菜单中的选项，可以对图形对象进行变形。变形操作步骤如下：

① 在舞台上选定图形对象或实例。

② 单击工具箱中的"任意变形工具"，此时，所选对象的中心会出现一个变形点，四周会出现 8 个句柄（黑色小方块），鼠标靠近句柄时，拖动变形点或句柄可以改变图形形状或位置，如图 9-38 所示。

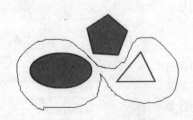

图 9-37　使用套索工具选定对象

图 9-38　对象变形

③ 在所选对象周围移动指针，指针会发生变化，指明可以使用哪种变形功能。根据需要拖动句柄，对图形对象进行变形。

④ 单击所选对象或实例的外部，结束变形操作。

9.2.8　文本处理

除了图形之外，文本也是动画制作的基本内容，Flash 提供了强大的文字处理功能，可以灵活地运用文本创建动画。

从 Flash CS5 开始，可以使用文本布局框架（TLF）输入文本，TLF 支持更丰富的文本布局功能和更精细的文本属性控制。

1. TLF 文本

单击选择工具箱中的文本工具后，属性面板显示如图 9-39 所示。此时将鼠标移到舞台上，可以单击后输入文本，也可以拖出一个文本框架后再输入文本。

在舞台输入文本后，单击选择工具箱中的"选择工具"，可以对文本进行更精细的属性设置，如图 9-40 所示。

图 9-39　文本工具属性

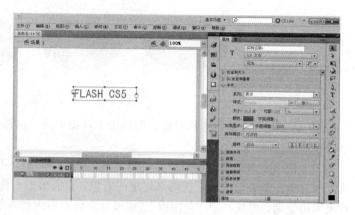

图 9-40　TLF 文本

2. 传统文本

传统文本有静态文本、动态文本和输入文本三种类型。静态文本是在动画制作过程中确定文字内容，播放时文字内容不变的文本；动态文本是播放时可以动态变化的文本，如动态显示当前时间的动画；输入文本是动画播放时可以由用户即时输入的文本。

在舞台中输入文本，可先单击工具箱中的"文本工具"，然后在属性面板中设置文本的类型、字体、字号、颜色、消除锯齿方式等，如图 9-41 所示。

其中，消除锯齿方式各项意义如下：

① 使用设备字体。指定 SWF 文件（用于播放的影片文件）使用本地计算机上安装的字体来显示。例如，如果将 Times New Roman 指定为设备字体，则播放内容的计算机上必须装有 Times New Roman 字体才能显示文本。因此，使用设备字体时，应选择计算机上通常都安装的字体。

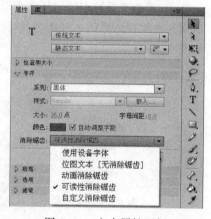

图 9-41　文本属性面板

② 位图文本。关闭消除锯齿功能，不对文本进行平滑处理。位图文本如进行缩放，则显示效果比较差。

③ 动画消除锯齿。用于创建比较平滑的动画。

④ 可读性消除锯齿。使用新的消除锯齿引擎，改进了字体的可读性。

⑤ 字定义消除锯齿。允许按照需要修改字体属性，例如，粗细与清晰度等。

3. 创建线性渐变填充字

创建线性渐变填充字，首先要将输入的文本"打散"为线条和填充物，然后再进行线性渐变填充。具体操作步骤如下：

① 输入文本，如输入 FLASH。

② 选定文本，执行"修改"→"分离"菜单命令，将文本对象分离为单个字母对象。效果如图 9-42 所示。

③ 选定所有字母，再次执行"修改"→"分离"菜单命令，将字母转换为组成它的线条和填充形状，如图 9-43 所示。一旦将文本打散为线条和填充物，就不能再将它们作为文本编辑，而是作为图形对象处理。

图 9-42 分离为单个字母对象   图 9-43 将文本打散为图形

④ 单击工具箱中的"墨水瓶工具"，并在属性面板中将笔触颜色设置为红色，然后依次单击每个字母的外边缘，效果如图 9-44 所示。

⑤ 单击工具箱中的"选择工具"，依次选定字母中间的填充区域，按【Delete】键将其删除，仅剩下边框，效果如图 9-45 所示。

图 9-44 使用墨水瓶描边   图 9-45 创建空心文本

⑥ 执行"窗口"→"颜色"菜单命令，在弹出的混色器面板的"填充类型"中选择"线性"，然后设置从黑色到白色的线性渐变。设置如图 9-46 所示。

⑦ 单击工具箱中的"颜料桶工具"，依次在每个字母中间单击，即可得到如图 9-47 所示的填充效果。

图 9-46 颜色设置   图 9-47 线性渐变效果

9.3 逐 帧 动 画

逐帧动画就是对于每一帧的画面都需要制作的动画，它适合于不能通过简单移动或变形从一帧生成另一帧的动画。逐帧动画不仅制作工作量大，而且最终输出的文件也很大，但它的优势也很明显，能够创建比较细致的不规则变化的动画。

9.3.1 倒计时动画

我们现在制作一个简单的倒计时动画，舞台上数字从 9 逐步变化到 1，每秒变化一次。操作步骤如下：

（1）新建一个 Flash 文档。

（2）执行"修改"→"文档"菜单命令，将文档属性中的"宽"和"高"修改为 200 像素，在属性面板里修改帧频为 1fps（即每秒运行 1 帧）。

（3）单击文本工具，设置字体为 Impact、颜色为红色，在舞台中央输入一个数字 9，如图 9-48 所示。

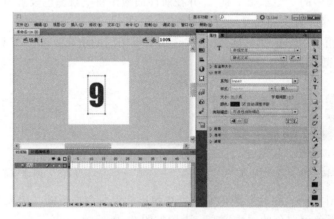

图 9-48　制作第一帧

（4）右击第 2 个帧格，在弹出的快捷菜单中选择"插入关键帧"命令，并将数字 9 改为"8"。

（5）重复第（4）步的操作 7 次，一共制作出 9 帧画面，如图 9-49 所示。

图 9-49　动画制作完成

（6）将播放头移到第一帧，按【Enter】键播放，即可看到倒计时动画运行情况。

（7）执行"文件"→"导出"→"导出影片"菜单命令，可导出 swf 格式的动画文件。

9.3.2 喜庆鞭炮

这是一个利用导入连续位图而创建的逐帧动画，操作步骤如下：

（1）新建一个文档，利用"修改"→"文档"菜单命令，设置大小为 400×600 像素。

（2）选择"文件"→"导入"→"导入到库"菜单命令，将"灯笼.jpg"及"爆炸.jpg"文件，导入到库中。

（3）选择"插入"→"新建元件"菜单命令，打开"创建新元件"对话框，在"名称"栏输入"爆炸"，类型设置为"图形"。

（4）选择"矩形工具"，绘制无边线矩形。选择矩形，在"窗口"→"颜色"面板中，设置填充颜色为"线性渐变填充"，渐变设置为深浅红色渐变。

（5）利用"矩形工具"，绘制上下无边线黄色矩形。同时利用"矩形工具"和"选择工具"，调整矩形为三角形，绘制其中的三角形图案，组成如图 9-50（a）所示图形。

（6）利用"矩形工具"，绘制上下两个无边线黄色矩形；选择"铅笔工具"，选项中的"铅笔模式"设置为"墨水"，添加线条，如图 9-50（b）所示。

（7）将舞台切换到场景 1，将库面板中的"鞭炮"元件拖放到舞台中，利用"任意变形工具"进行缩放和旋转。并复制"鞭炮"元件，对新元件执行"修改"→"变形"→"水平翻转"菜单命令，翻转对象，得到如图 9-51 的鞭炮对。

（a）绘制三角形　　　（b）绘制线条

图 9-50　制作一个鞭炮　　　　　　　　　　　图 9-51　鞭炮对

（8）选中一组鞭炮，按住【Alt】键拖动，在垂直方向上复制出 9 组鞭炮，得到如图 9-52 的效果。

（9）将库面板中的"爆炸"元件拖放到舞台中，并调整大小和角度。选择"铅笔工具"绘制鞭炮中间的连接线。效果如图 9-53 所示。

（10）新建一个图层 2，锁定图层 1，将库面板中的"灯笼"元件拖放到舞台中，输入相应的文本，并调整元件的大小和位置和角度，得到如图 9-54 所示效果。

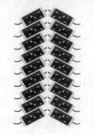  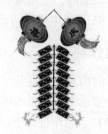

图 9-52　鞭炮组　　　　　　图 9-53　爆炸鞭炮组　　　　　　图 9-54　喜庆鞭炮组

（11）在时间轴面板中操作，选择图层 1，在第 2 帧到第 19 帧位置插入连续的关键帧。选择图层 2，在第 19 帧插入关键帧。时间轴面板如图 9-55 所示。

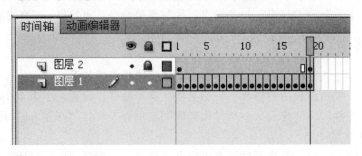

图 9-55　在时间轴面板插入关键帧

（12）分别编辑图层 1 第 2 帧到第 19 帧，制作鞭炮点燃效果。其中，第 2 帧-第 5 帧效果如图 9-56 所示。第 6 帧到第 19 帧依次制作。

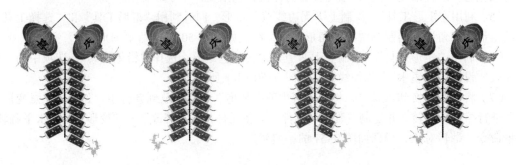

图 9-56　不同状态的鞭炮

（13）在属性面板中将帧频改为 8，单击播放按钮观看动画效果。

（14）选择"文件"→"导出"→"导出影片"菜单命令，导出动画文件。

9.4　补 间 动 画

逐帧动画由于需要制作每一帧，制作效率非常低。而很多动画的各帧之间的变化是很有规律的，只要确定了几个关键的帧，其余的帧可以根据变化规律来自动生成，这就是补间动画。

补间动画节省了制作人员的大部分的时间，大大提高了效率，而且在逐帧动画中，Flash 需要保存每一帧的数据，而在补间动画中，Flash 只保存帧之间不同的数据，动画文件大大缩小。因此在制作动画时，应用最多的还是补间动画，它是一种比较有效的产生动画的方式。

Flash CS5 可以生成补间动画和补间形状，还可以创建传统补间。

9.4.1　动作补间

动作补间的对象必须是"元件"或"成组对象"。元件是指在 Flash 中创建而且保存在库中的图形、按钮或影片剪辑，可以自始至终在影片或其他影片中重复使用，是 Flash 动画中最基本的元素。Flash 制作过程中，很多时候需要重复使用素材，这时我们就可以把素材转换成元件，或者干脆新建元件，以方便重复使用或者再次编辑修改。

1．创建动作补间动画

动作补间是在时间轴的某一帧放置元件，然后改变它的位置，进行旋转等，由这些变化产生动画。制作步骤如下：

（1）在时间轴面板上动画开始播放的地方创建或选择一个关键帧并放置一个元件。这里我们假设用椭圆工具画一个圆，并将它转换为元件，如图 9-57 所示。

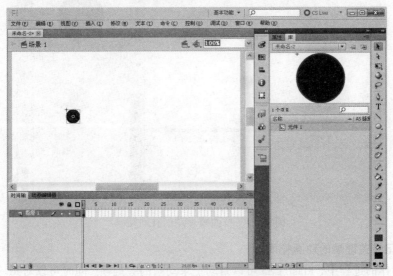

图 9-57　画一个圆并转换为元件

（2）右击时间轴的第一帧，在弹出的快捷菜单中选择"创建补间动画"命令，然后单击时间轴的第 25 帧，并将圆的位置移到右边，舞台上会出现运动轨迹，如图 9-58 所示。此时将播放头移到第一帧初，按【Enter】键播放，可以看到一个圆从左到右直线运动的动画。

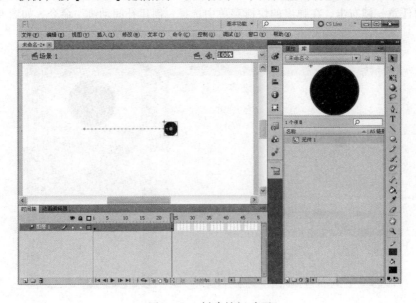

图 9-58　创建补间动画

（3）将鼠标靠近运动轨迹，可以拖动改变运动轨迹；也可以将鼠标靠近圆，拖动以改变运动终点。如图 9-59 所示。此时将播放头移到第一帧初，按【Enter】键播放，可以看到一个圆沿曲线轨迹运动的动画。

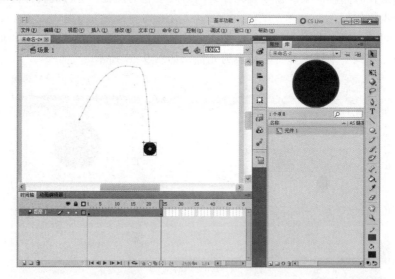

图 9-59　按曲线运动的补间动画

2. 自动记录关键帧的动画补间

在动画制作的过程中，Flash CS5 可以自动记录动画的关键帧，同时可以对每一帧的对象进行编辑，从而可以制作出运动轨迹更加多样的动画。

例如，我们在图 9-57 建立的元件基础上，按如下步骤制作按任意弯曲或有转角的路径运动的动画。

（1）在时间轴的第 30 帧处右击，在弹出的快捷菜单中选择"插入关键帧"命令，然后在 1~30 帧之间的任意一帧右击，在弹出的快捷菜单中选择"创建补间动画"命令，如图 9-60 所示。

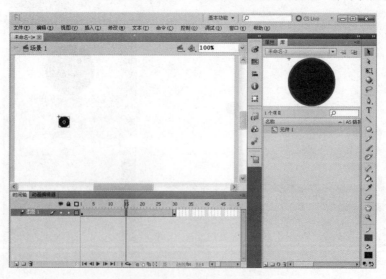

图 9-60　创建补间动画

（2）单击第 5 帧，并移动圆的位置（也可以同时改变圆的形状），如图 9-61 所示。

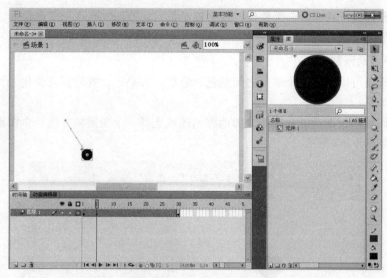

图 9-61 移动对象位置

（3）分别单击第 5、10、15、20、25、29 帧，任意移动圆的位置，Flash CS5 会记录每次移动的轨迹，最后得到如图 9-62 所示的路径。此时将播放头移到第一帧初，按【Enter】键播放，可以看到一个圆沿任意路径运动的动画。

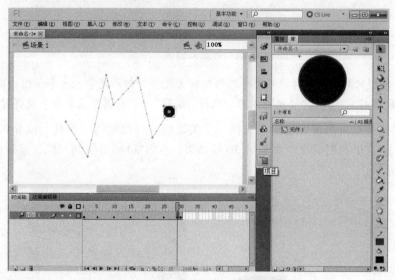

图 9-62 创建任意路径的补间动画

9.4.2 形状补间

形状补间可以实现一幅图形变为另一幅图形的效果，它需要在一个位置绘制一个图形，然后在另一个位置改变图形或者绘制其他图形，Flash CS5 可以在它们之间计算出差值，从而自动补间，产生动画效果。

形状补间和动画补间的主要区别在于，形状补间不能使用元件，如果使用图形元件、文字等，则必先"打散"再变形，只有被打散的形状图形之间才能产生形状补间。所谓形状图形是由无数个点堆积而成，并非是一个整体，选中该对象时，外部没有一个蓝色边框，而会显示为掺杂白色小点的图形。

1. 形状补间动画制作

形状补间动画可以实现两个图形之间颜色、形状、大小、位置的相互变化。

操作步骤如下：

（1）在时间轴面板上动画开始播放的地方创建或选择一个关键帧并画一个图形。例如，我们画一个圆，如图 9-63 所示。

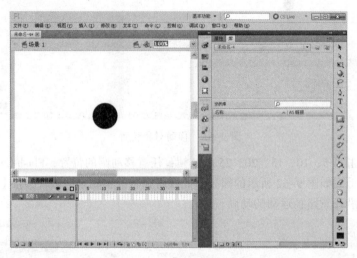

图 9-63　在第一帧画一个圆

注意：制作形状补间动画时，不能将图形转换为元件。如果是导入一个位图，因它已自动被保存为元件，还要将它"打散"（选中对象，执行"编辑"→"分离"菜单命令就将对象打散了）。

（2）在动画要结束的地方创建或选择一个关键帧，再改变图形形状，或导入另一个位图（也需要打散）。这里我们假设动画到第 30 帧结束，在第 30 帧处将圆删除，重新画一个矩形，如图 9-64 所示。

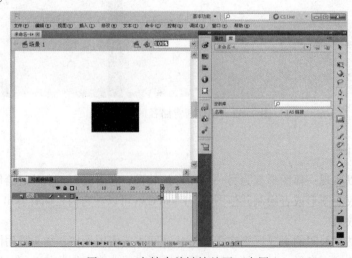

图 9-64　在结束关键帧处画一个圆

（3）在 1～30 帧之间的任意一帧右击，在弹出的快捷菜单中选择"创建补间形状"命令，就建立了形状补间动画，如图 9-65 所示。播放该动画，可以看到从"圆"变化到"矩形"的效果。

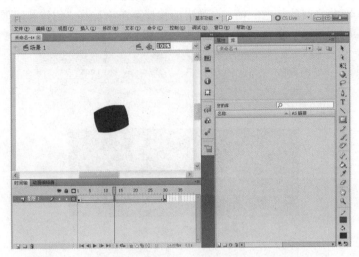

图 9-65　形状补间动画

2．形状补间动画实例

现在我们制作一个波浪线翻转的动画。

操作步骤如下：

（1）新建一个文档，修改舞台尺寸为 400×150 像素，帧频为 12fps，舞台背景为蓝色，如图 9-66 所示。

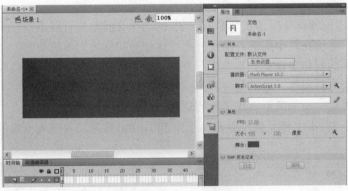

图 9-66　修改文档属性

（2）用线条工具在舞台中央绘制一条绿色直线，并将其分割为 5 等份，如图 9-67 所示。

（3）利用选择工具将直线调整成波浪线，然后删除中间的分割线，如图 9-68 所示。

图 9-67　直线分段

图 9-68　波浪线

（4）分别在第20帧和40帧处插入关键帧，并在第20帧处执行"修改"→"变形"→"垂直翻转"菜单命令。

（5）右击第1～20帧之间的任意一帧，在弹出的快捷菜单中选择"创建补间形状"命令。同样右击第20～40帧之间的任意一帧，在弹出的快捷菜单中选择"创建补间形状"命令。此时时间轴面板如图9-69所示。播放动画，查看动画效果。

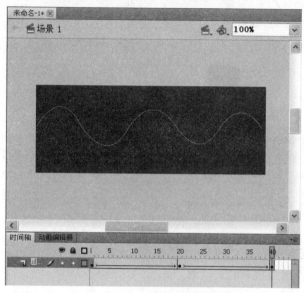

图9-69　波浪线翻转动画

9.4.3　传统补间

Flash以前版本的动作补间动画与Flash CS5的动作补间动画有所不同，需要确定起始关键帧和结束关键帧，才能在其中间进行动作补间，这种补间称之为传统补间。

传统补间动画的制作步骤是：先在第一个关键帧处放置一个元件，然后在另一个关键帧处移动该元件或改变元件属性，最后创建补间。

例如，我们要做一个小鹰沿直线飞行的动画，操作步骤如下：

（1）新建一个Flash文档，修改舞台尺寸为500×300像素，并导入小鹰的图片到舞台，如图9-70所示。

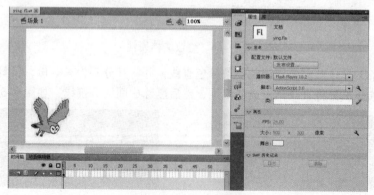

图9-70　导入小鹰到舞台

（2）在第 30 帧插入关键帧，并将小鹰移到舞台的右上方。

（3）右击第 1～30 帧之间的任意一帧，在弹出的快捷菜单中选择"创建传统补间"命令，时间轴第 1～30 帧之间会出现一条带箭头的实线，这表明补间动画成功，如图 9-71 所示。

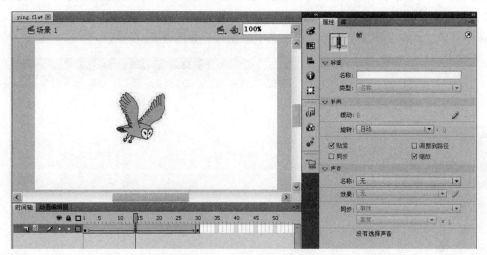

图 9-71　传统补间动画

（4）在图 9-71 所示状态下，可以进行进一步的动画属性设置。属性面板中各项意义如下：

① 缓动。缓动值在 -1～-100 之间，表示动画运动的速度从慢到快，朝运动结束的方向加速补间；缓动值在 1～100 的值之间，表示动画运动的速度从快到慢，朝运动结束的方向减慢补间。默认情况下，补间帧之间的变化速率是不变的。

② 旋转。有四个选择，选择"无"（默认设置）禁止元件旋转；选择"自动"可以使元件在需要最小动作的方向上旋转对象一次；选择"顺时针"或"逆时针"，并在后面输入数字，可使元件在运动时顺时针或逆时针旋转相应的圈数。

③ 紧贴。将补间元素附加到运动路径，此项功能主要用于引导层动画。

④ 调整到路径。将补间元素的基线调整到运动路径，此项功能主要用于引导层动画。

⑤ 同步。使图形元件实例的动画和主时间轴同步。

9.5　引导线动画

单纯依靠设置关键帧，有时仍然无法实现一些复杂的或不规则的运动效果，如月亮围绕地球旋转、鱼儿在大海里遨游等，在 Flash 中能不能做出这种效果呢？答案是肯定的，这就是"引导线动画"。

将一个或多个层链接到一个引导层，使一个或多个对象沿一条指定的路径运动的动画形式被称为"引导线动画"。这种动画可以使一个或多个元件完成曲线或不规则运动。

引导线动画自定义对象运动路径，是通过在对象上方添加一个运动路径的层，在该层中绘制运动路线，让对象沿绘制的路线运动来实现的。

创建引导层动画操作下步骤如下：

1．创建引导层

一个最基本"引导层动画"由两个图层组成，上面一层是"引导层"，它的图层图标为 ，下面一层是"被引导层"，图标[图标]同普通图层一样。

在普通图层上右击，在弹出的快捷菜单中选择"添加传统运动引导层"命令，该层的上面就会添加一个引导层，同时该普通层缩进成为"被引导层"，如图 9-72 所示。

2．创建路径

选中引导层，在引导层中用铅笔画一条引导路径，如图 9-73 所示。

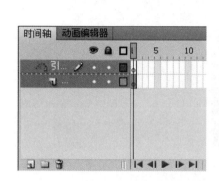

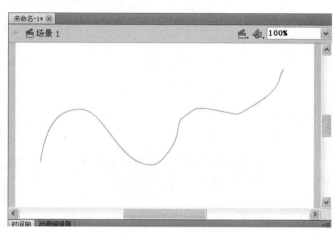

图 9-72　引导层和被引导层　　　　　　　图 9-73　画一条路径

3．在被引导层中放置元件

选中被引导层，导入位图或画图形并转换为元件。这里我们画一个五角星形，转换为元件后，将元件的中心拖到路径的一端并与端点重合，如图 9-74 所示。

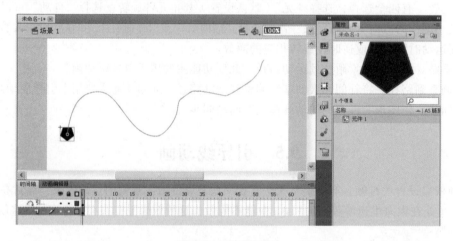

图 9-74　放置元件

4．插入结束关键帧

分别在引导层和被引导层的第 40 帧处插入关键帧，并在第 40 帧处将元件中心点拖到与引导路径的另一个端点重合，如图 9-75 所示。

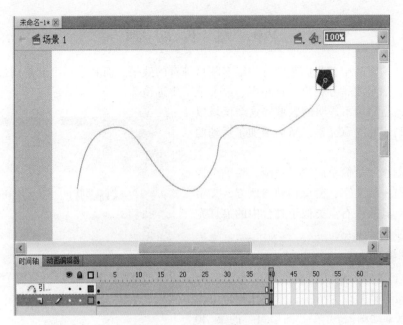

图 9-75　插入结束关键帧

注意：引导层动画最基本的操作就是使一个元件"附着"在引导路径上。所以操作时特别得注意引导路径的两端，被引导的对象起始、终点的两个"中心点"一定要对准引导路径的两个端头。

5．创建补间动画

在被引导层的第 1～40 之间任一帧右击，在弹出的快捷菜单中选择"创建传统补间"命令，这样就形成了引导层动画，如图 9-76 所示。

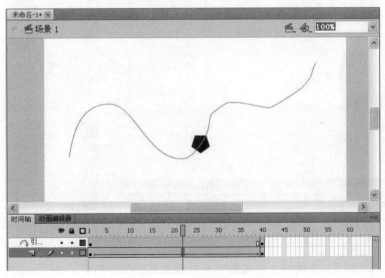

图 9-76　创建传统补间动画

9.6　遮 罩 动 画

在 Flash 的作品中，我们常常看到很多眩目神奇的效果，而其中不少就是用最简单的"遮罩"完成的，如水波、万花筒、百叶窗、放大镜、望远镜等。

遮罩动画是利用不透明的区域和这个区域以外的部分来显示和隐藏元素，从而增加了运动的复杂性。

我们来制作一个简单的遮罩动画，将一个椭圆形窗口移过一行文字，窗口移到的地方，文字才显示出来。其效果有点类似于舞台中的追灯光效果。操作步骤如下：

图 9-77　被遮罩层

1．制作被遮罩层

新建一个文档，将文档属性中尺寸设置为 400×100 像素，帧频设为 6fps，然后在舞台中输入"Flash 遮罩动画"，并在"图层 1"的第 40 帧"插入帧"，使文字延续到第 40 帧，如图 9-77 所示。

2．制作遮罩层

（1）单击时间轴左下方的"新建图层"，新建"图层 2"，并在图层 2 的第一帧画一个无笔触颜色、填充颜色为白色到黑色的放射性渐变的椭圆，并转换为元件，如图 9-78 所示。

图 9-78　在新建图层中画椭圆

（2）在图层 2 的第 20 帧插入关键帧，并将椭圆移到文字右侧；在第 40 帧插入关键帧，将椭圆移回文字左侧。然后分别在图层 2 的第 1～20 帧和第 20～40 帧之间创建传统补间动画，如图 9-79 所示。

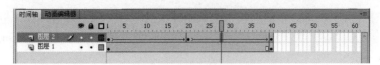

图 9-79 制作遮罩层

3. 制作遮罩动画

右击图层 2，从弹出的快捷菜单中选择"遮罩层"命令，将该图层转换为遮罩层，如图 9-80 所示。可以看到，它下面的图层 1 成了被遮罩层，遮罩层运动到的地方，被遮罩的图层 1 的内容才会显示出来。

图 9-80 遮罩动画

9.7 声 音 处 理

声音是动画的重要组成部分，缺少了声音，动画就像无声电影，表现力大打折扣。Flash CS5 提供了多种使用声音的方式，可以使声音独立于时间轴连续播放，也可以使声音与动画同步播放，还可以向按钮添加声音，使按钮具有更强的感染力等。另外，通过设置和编辑声音属性，还可以使声音更加优美。

1. 导入声音

只有将外部的声音文件导入到 Flash 中以后，才能在 Flash 作品中加入声音效果。能直接导入 Flash 的声音文件，主要有 WAV 和 MP3 两种格式。另外，如果系统上安装了 QuickTime 4 或更高的版本，还可以导入 AIFF 等格式的声音文件。

将声音导入 Flash 动画中，操作步骤如下：

（1）新建或打开一个文档。

（2）执行"文件"→"导入"→"导入到库"菜单命令，弹出导入到库对话框，在该对话框中，选择要导入的声音文件，单击"打开"按钮，将声音导入到库中，如图 9-81 所示。

图 9-81 导入音乐到库

（3）声音导入后，就可以在库面板中看到刚导入的声音文件，后面可以像使用元件一样使用声音对象了。

2．引用声音

将声音从外部导入 Flash 中以后，时间轴并没有发生任何变化。必须引用声音文件，声音对象才能出现在时间轴上，才能进一步应用声音。

引用声音首先必须为声音文件选择或新建一个图层，然后将声音文件从库面板拖拽至图层，该图层就成为了像动画图层一样的"声音图层"。

例如，导入音乐后，将"图层 1"重新命名为"声音"，选择第 1 帧，然后将库面板中的声音对象拖放到场景中，如图 9-82 所示。

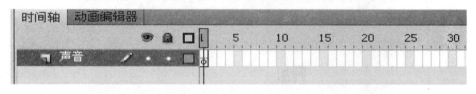

图 9-82　将声音引用到时间轴上

这时会发现"声音"图层第 1 帧出现一条短线，这其实就是声音对象的波形起始，任意选择后面的某一帧，比如第 30 帧，按【F5】键插入关键帧，就可以看到声音对象的波形，如图 9-83 所示。这说明已经将声音引用到"声音"图层了。这时按一下键盘上的【Enter】键，可以听到声音了。

图 9-83　图层上的声音

3．声音属性设置和编辑

在时间轴面板上选择"声音"图层的某一帧，即可在帧属性面板中显示声音的各项参数，如图 9-84 所示。

面板中各参数的意义如下：

（1）名称。用于选择不同的声音文件，当导入多个声音文件时，单击其右侧的下拉按钮，可以从中选择要引用的声音对象。

（2）效果。用于设置声音的播放效果，有 8 个可选项，意义如下。

图 9-84　声音属性面板

- "无"：表示不对声音文件应用效果，选择此选项将删除以前应用过的效果。
- "左声道/右声道"：表示只能在左声道/右声道播放声音。
- "向左淡出/向右淡出"：表示播放时会将声音从右声道切换到左声道或从左声道切换到右声道。

- "淡入/淡出"：表示在声音的持续时间内逐渐增加或减小音量。
- "自定义"：可以使用"编辑封套"创建声音的淡入和淡出点。

（3）同步。用于设置声音的同步方式，有"事件"、"开始"、"停止"和"数据流"四个同步选项。

"事件"选项会将声音和一个事件的发生过程同步起来。事件与声音在它的起始关键帧开始显示时播放，并独立于时间轴播放完整的声音，即使 SWF 文件停止执行，声音也会继续播放。当播放发布的 SWF 文件时，事件与声音混合在一起。

"开始"与"事件"选项的功能相近，但如果声音正在播放，使用"开始"选项则不会播放新的声音实例。

"停止"选项将使指定的声音静音。

"数据流"选项将强制动画和音频流同步。与事件声音不同，音频流随着 SWF 文件的停止而停止。而且，音频流的播放时间绝对不会比帧的播放时间长。当发布 SWF 文件时，音频流混合在一起。

（4）重复。用于设置声音的播放次数。

（5）编辑声音封套。在"效果"下拉菜单旁边，有一个"编辑声音封套"按钮 ✐ ，单击该按钮可以利用 Flash CS5 中的声音编辑控件编辑声音。

虽然 Flash 处理声音的能力有限，无法与专业的声音处理软件相比，但是在 Flash 内部还是可以对声音做一些简单的编辑，实现一些常见的功能，如控制声音的播放音量、改变声音开始播放和停止播放的位置等。

编辑声音文件的具体操作如下：

选择一个已添加了声音的帧，然后打开属性面板，单击右边的"编辑"按钮，弹出"编辑封套"对话框，如图 9-85 所示。

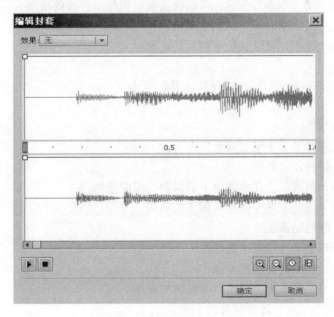

图 9-85　"编辑封套"对话框

"编辑封套"对话框分为上下两部分，上面的是左声道编辑区域，下面的是右声道编辑区域，在其中可以执行以下操作：

① 要改变声音的起始和终止位置，可拖动"编辑封套"中的"声音起点控制轴"和"声音终点控制轴"，如图 9-86 所示为调整声音的起始位置。

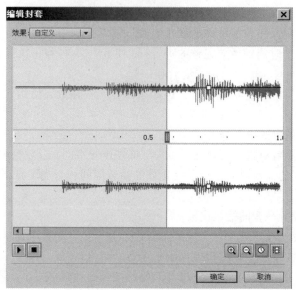

图 9-86　调整声音的起始位置

在对话框中，白色的小方框成为节点，用鼠标上下拖动它们，改变音量指示线垂直位置，这样，可以调整音量的大小，音量指示线位置越高，声音越大，用鼠标单击编辑区，在单击处会增加节点，用鼠标拖动可以将节点移到编辑区的外边。

② 单击"放大"或"缩小"按钮，可以改变窗口中显示声音的范围。

③ 要在秒和帧之间切换时间单位，请单击"秒" 和"帧" 按钮。

④ 单击"播放"按钮，可以试听编辑后的声音。

习　题　九

1. 制作一个月牙图。

2. 制作一幅七彩文字（文字、颜色自定）。

3. 绘制一幅电影胶片效果图。

4. 制作模仿滴水的效果，在水滴落下后激起一圈圈涟漪。

5. 制作将一只老虎的图形变成一只狮子的动画。

6. 制作太阳升起的动画。

7. 制作两个小球上下交错运动的动画。

8. 制作一圆球绕一椭圆旋转操作操作。

9. 制作一个在海底游来游去的鱼，并吐泡的动画。

10. 制作圆球由小变大并逐渐消失的动画。

11. 制作一动画，动画中有一圆的图形在背景中移动，圆的图形中能见到背景图案，而其外则见不到背景图形。

第 **10** 章　网站设计制作实例

本章我们综合利用前面学习的网页制作技术和工具，设计制作一个企业网站。通过这个综合实例的操作，我们将掌握怎样使用 Photoshop 和 Flash 进行素材准备，如何进行页面布局，以及如何使用 Dreamweaver 制作网站。

本章内容包括：

- 素材的准备。
- 页面的布局。
- 网站的制作。

10.1　素 材 准 备

制作一个太空旅游公司的网站，其主页效果如图 10-1 所示。进入网站后，每一页都显示上方的广告动画和导航条。

图 10-1　网站效果

从主页效果图中可以看出，顶部的广告动画和左边的按钮图片是在 Dreamweaver 中无法完成制作的，必须在 Flash 和 Photoshop 中进行制作。下面我们进行这两种素材准备。

10.1.1 制作广告动画

主页顶部的广告动画，我们可以用 Flash 来制作，步骤如下：

（1）进入 Flash 界面，新建文件，修改文档大小为 800×200 像素，保存为 banner.fla。

（2）导入背景图片，并在第 60 帧插入关键帧，如图 10-2 所示。

图 10-2　导入背景图片

（3）添加一个新图层（图层 2），选择文字工具，设置字体为"华文彩云"，大小为 36 像素，并在场景左上角输入"太"字，如图 10-3 所示。

图 10-3　输入文字

（4）在第 10 帧插入关键帧，用文字工具输入"空"字。继续在第 20 帧、30 帧插入关键帧，分别输入"集"字、"团"字，如图 10-4 所示。

（5）在第 40 帧插入关键帧，输入文字"为你插上梦中的翅膀"，如图 10-5 所示。

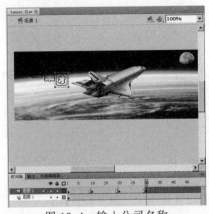

图 10-4　输入公司名称

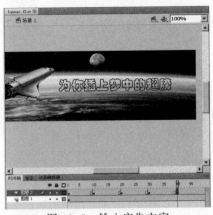

图 10-5　输入广告文字

（6）在第 60 帧插入关键帧，在第 40 帧和第 60 帧之间创建传统补间动画，如图 10-6 所示。

图 10-6　制作补间动画

（7）在第 40 帧选择文字，设置彩色效果样式为 Alpha，并设置 Alpha 值为 10%，如图 10-7 所示。

图 10-7　制作 Alpha 样式效果

（8）保存文件，导出影片（banner.swf）备用。

10.1.2　制作按钮图片

主页左边的按钮图片可以用 Photoshop 来制作，步骤如下：

（1）进入 Photoshop 界面，新建文件，大小为 60×24 像素，用圆角矩形工具在中间画一个圆角矩形。然后将图像大小调整为 180×72 像素，如图 10-8 所示。

（2）拼合图像，然后用魔术棒选中圆角矩形部分，如图 10-9 所示。

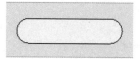

图 10-8　制作圆角矩形

图 10-9　选中圆角矩形

（3）调整前景色，选择渐变工具，并选择"对称渐变"，然后从上至下拖动鼠标，经过圆角矩形，得到如图 10-10 所示效果。

（4）复制圆角矩形部分，新建一个透明背景的文件，将圆角矩形部分粘贴在新文件中，如图 10-11 所示。

图 10-10　渐变填充

图 10-11　粘贴到透明背景的文件中

（5）用文字工具输入文字，保存为 gif 格式的文件。

10.2　页　面　布　局

从图 10-1 的页面效果图，我们可以看出，网页可分为六个部分，即页面头部的广告条、导航条、中部的主体内容栏和左右侧边栏，以及底部信息，具有图 10-12 所示的效果。

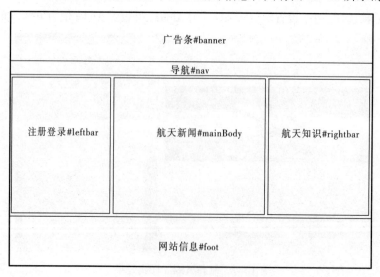

图 10-12　网页布局示意图

1．CSS 布局样式

根据上述布局图，我们可以直接定义布局样式（layout.css），内容如下：

```css
/*基本信息*/
body {
    font:16px Tahoma; margin:0px; text-align:center; background:#FFF;
}
/*页面头部*/
#Header {
        width:800px;margin:0  auto;  height:200px;  background:#FFCC99;
position: absolute; top: 0px;
}
/*导航*/
#nav {
        width:800px;margin:0 auto; height:30px; background:#93F; position:
absolute; top: 200px;  left: 0px;
}
/*页面主体*/
#PageBody {
    width:800px; margin:0 auto; height:400px; background:#CCFF00;
}
/*左侧边栏*/
#leftbar {
    float: left; height: 400px; width: 180px; background:#6C9; top: 230px;
position: absolute;
}
/*主体内容*/
#MainBody {
        height: 400px; width: 400px;  background:#6c6; position: absolute;
left: 180px; top: 230px;   text-align: left; font-size: 16px;
}
/*右侧边栏*/
#rightbar {
        height: 400px; width: 220px;   background:#CF0;      top:    230px;
position: absolute; left: 580px; font-size: 16px; text-align: left;  color:
#F60;
}
/*页面底部*/
#Footer {
        width:800px;margin:0 auto; height:80px; background:#6CF; position:
absolute; top: 630px;
}
```

2．页面布局

我们利用 DIV+CSS 布局，新建网页文件 index.html，在<body>与</body>之间写入 DIV 的基本结构，代码如下：

```html
<div id="Header">[广告条]</div>
<div id="nav">[导航]</div>
<div id="PageBody">[页面主体]
    <div id="leftbar"><p>[左边栏]</p></div>
    <div id="MainBody"><p>[主体内容]</p></div>
```

```
        <div id="rightbar"><p>[右边栏]</p><br /></div>
    </div>
    <div id="Footer"><p>[页面底部]</p></div>
```

再在<head>与</head>之间加入链接外部样式表的代码：

```
<link href="layout.css" rel="stylesheet" type="text/css" />
```

保存文件，用浏览器打开，这时我们已经可以看到页面的基本布局，如图 10-13 所示。

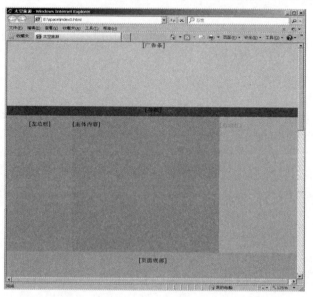

图 10-13　页面布局

10.3　网　站　制　作

在制作具体的网页之前，我们先建立一个网站专用的文件夹（e:\space），将准备的素材放在该文件夹中（动画放在 flash 子文件夹下，图片放在 image 子文件夹下），然后开始网站制作。

10.3.1　建立网站

进入 Dreamweaver 后，按以下步骤在 Dreamweaver 中建立一个站点：

（1）单击右边浮动面板中"文件"面板所在的下拉菜单，然后选择"管理站点"选项，弹出"管理站点"对话框，如图 10-14 和图 10-15 所示。

图 10-14　"文件"面板

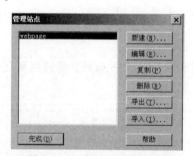

图 10-15　管理站点对话框

（2）在"管理站点"对话框中，单击"新建"按钮，出现站点设置对话框，在对话框中输入站点名称和站点存放的文件夹，如图 10-16 所示。

（3）单击"保存"按钮，然后单击"完成"按钮，Dreamweaver 中的本地站点就建立了。此时，从"文件"面板中可以看到新建立的站点及站中的所有资源，如图 10-17 所示。

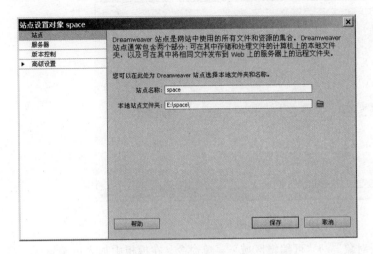

图 10-16　站点设置

图 10-17　新建站点及其资源

10.3.2　制作模板

由于网站每一页都需要显示上方的广告动画和导航条，所以我们可以以网页上方的动画和导航部分制作成一个模板，站内新建网页都可以在模板基础上制作，既减少工作量，又使网站中的网页风格统一。

制作模板的步骤如下：

（1）在 Dreamweaver 初始启动面板的"新建"栏目下面，单击"更多"链接，弹出图 10-18 所示的"新建文档"对话框，从中选择"HTML 模板"，并单击"创建"按钮，即建立了一个新的空白模板。

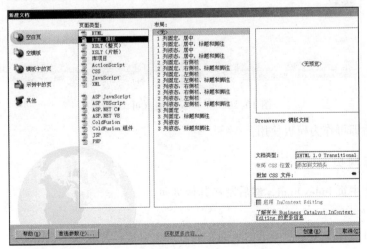

图 10-18　创建新模板

（2）在新模板中插入公共内容（此处为顶部的广告动画和导航条），如图 10-19 所示。

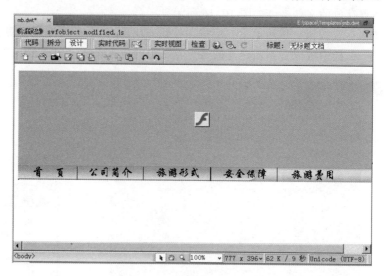

图 10-19　在模板中插入内容

（3）执行"插入"→"模板对象"→"可编辑区域"菜单命令，在模板中加入可编辑区（可编辑区为页面下部），如图 10-20 所示。

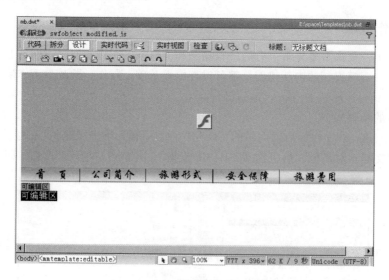

图 10-20　在模板中加入可编辑区

（4）保存后即可作为模板使用。

10.3.3　制作网页

我们先制作主页 index.html，然后制作其他页面。

1. 主页制作

主页制作可以在图 10-13 所示的页面布局基础上完成，步骤如下：

（1）删除"[广告条]"，然后执行"插入"→"媒体"→"SWF"菜单命令，选择 banner.swf。

（2）删除"[导航]"，然后执行"插入"→"图像"
菜单命令，选择 nav.gif。

（3）删除"[左边栏]"，然后执行"插入"→"表格"，
插入一个 2 行 1 列的表格，并分别在表格中插入图片和
表单对象，如图 10-21 所示。

（4）删除"[主体内容]"，插入新闻，然后进入代码
编辑模式，在新闻前插入以下<marqee>标记：

```
<marquee direction="up" scrollamount="5"
scrolldelay="200" height="380">
```

在新闻后插入</marqee>标记，代码如下：

图 10-21　在表格中插入表单和表单对象

```
<marquee direction="up" scrollamount="5"
scrolldelay="200" height="380">
    <ul>
            <li>太空旅游，不只是烧钱游戏</li>
            <li>全球私人亚轨道飞行器进行关键性测试，开拓太空旅游航线</li>
            <li>轨道科学公司计划发射&quot;天鹅座&quot;飞船</li>
            <li>龙式宇宙飞船将进行至少两次对国际空间站的货物补给</li>
            <li>国际空间站将进行正常人员轮换</li>
            <li>加拿大空间局研制小型卫星探索太阳风暴</li>
            <li>美国宇航局将发射新型太阳观测卫星</li>
            <li>太空旅游不是梦，荷兰SXC公司将于2014年启动太空旅游</li>
            <li>中国的神舟10号宇宙飞船</li>
            <li>美国宇航局探索火星大气</li>
    </ul>
</marquee>
```

（5）删除"[右边栏]"，替换成相应的知识链接。

（6）删除"[页面底部]"替换成公司信息即可。

2．其他页面制作

其他页面可根据模板制作，并链入主页，在此不再详述。

习　题　十

1．制作一个个人网站。

2．制作一个小型企业网站。

参 考 文 献

[1] 庞崇高，胡洋. 网页设计制作教程[M]. 2 版. 北京：中国铁道出版社，2009.

[2] 任新，赵永会，周昊. Dreamweaver CS5 经典实例教程[M]. 北京：星球电子出版社，2011.

[3] 文杰书院. Dreamweaver CS5 网页设计与制作基础教程[M]. 北京：清华大学出版社，2012.

[4] 易连双，赵林. Dreamweaver CS5 网页设计与制作技能基础教程[M]. 北京：印刷工业出版社，2012.

[5] 李学文. Photoshop CS5 图像处理实训教程[M]. 西安：西北工业大学出版社，2011.

[6] 刘小豫. Photoshop CS5 应用实践教程[M]. 西安：西北工业大学出版社，2011.

[7] 刘进军. Flash 二维动画设计与制作[M]. 北京：清华大学大学出版社，2011.